Cet ouvrage n'a esté imprimé que depuis la mort de mr des Cartes qui s'estant rendu a Stokolm sur les invitations de La reyne Christine, y mourut en 1650. mr d'A Libert amy du defunt fit venir le manuscrit et le fit imprimer

LE MONDE DE Mr DESCARTES,

OU LE TRAITÉ DE LA LVMIERE

ET DES AVTRES PRINCIPAVX objets des Sens.

Avec un Discours de l'Action des Corps, & un autre des Fiévres, composez selon les principes du même Auteur.

A PARIS,
Chez Theodore Girard, dans la grand'Salle du Palais, à l'Envie.

M. DC. LXIV.
Avec Privilege du Roy.

AV LECTEVR.

LE Monde d'un des grands Philosophes qui ait écrit, ne seroit pas encore en vôtre possession, si Monsieur D. A. n'en avoit voulu faire une liberalité publique ; Et que la passion qu'il a pour tous les sentimens veritables & utiles, jointe aux demandes des Savans, ne l'eut obligé de tirer de son Cabinet cét ouvrage, qu'il avoit envoyé chercher presqu'à l'extremité des Terres Septentrionales. Celuy qui en est Auteur, ne l'a pas seulement laissé entre ses autres minutes moins correctes sans doute & moins importantes, il l'a estimé assez, pour le donner luy-méme à ses plus considerables amis. Et quoy qu'en divers endroits, il le nomme son Monde, icy neantmoins, où il ne parle que du Monde visible, je n'ay vû dans l'Original que ces môs, *Traité de la Lumiere*, à quoy la verité des choses, m'a fait encore ajoûter, *Et des autres principaux objets des sens*. Mais si avec cela vous exceptez les titres des Chapitres, la version des mots Latins, & quelques fautes qui ont pû se glisser dedans ou dehors les Figures, le reste appartient à Monsieur Descartes. Et les particularitez que j'en raporte font voir, que comme je croy que ceux qui cachent ses sentimens, sont en quelque sorte receleurs, ceux qui luy en substituent d'autres sont faussaires. Pour les Chapitres que je disois, quoy que je les aye trouvez dās le Manuscrit, neantmoins à voir de quelle façon l'Auteur quelquefois les commence, je juge que son dessein étoit de faire sans interruption un Discours, ou une Histoire : & mémes depuis le Chapitre sixiéme, une Histoire de Roman. Il savoit que si quelque part, on defendoit de parler du Systeme de Copernic, comme d'une verité, ou encore comme d'une hypothese : on ne deffendoit pas d'en parler comme d'une Fable. Mais c'est une Fable, qui non plus que les autres Apologues ou Profanes ou Sacrés, ne repugne pas aux choses, qui sont par effet. **

D. R.

TABLE des Chapitres.

Chapitre I. De la difference qui est entre nos sentimens, & les choses qui les produisent, dans la pag. 1.

Chap. II. Ce que c'est dans le feu, que brûler, échauffer & éclairer. 10.

Chap. III. où l'on voit la varieté, la durée & la cause du mouvement, avec l'explication de la dureté & de la liquidité des corps, dans lequels il se trouve. 19.

¶ iiij

Chap. IV. *Quel jugement il faut faire du vuide, & quelle est la raison pourquoy nos sens n'apperçoivent pas certains corps.* 32.

Chap. V. *La reduction des quatre Elemens à trois, avéque leur explication & leur établissement.* 48.

Chap. VI. *Description d'un nouveau Monde, tres-facile à connoître, mais semblable pourtant à celuy, dans lequel nous sommes, ou mêmes au cahos que les Poëtes ont feint l'avoir precedé.* 66.

Chap. VII. *Par quelles Loix & par quels moyens, les parties de ce Monde se tireront d'elles mêmes, hors du cahos, & de la confusion, où elles étoient.* 78.

Chap. VIII. Comment dans le Monde, auparavant décrit, il se formera des Cieux, un Soleil & des Etoiles. 104.

Chap. IX. L'origine, le cours & les autres proprietés des Comètes & des Planetes en general, & des Cometes en particulier. 121.

Chap. X. L'explication des Planetes, & principalement de la Terre & de la Lune. 137.

Chap. XI. Ce que c'est que la pesanteur. 157.

Chap. XII. Du flux & reflux de la Mer. 174.

Chap. XIII. Ce en quoy la Lumiere consiste. 184.

Chap. XIV. Les proprietez de la Lumiere. 214.

Chap. XV. *& dernier, La façon dont le Soleil & les Astres agis-contre nos yeux.* 228.

REMARQVEZ.

QV'encore que ceux qui ont déja lû ce Livre écrit à la main, ayent jugé que vous y apprendriez une Philosophie facile, veritable & débarrassée des paroles & des imaginations Scholastiques, ou autres semblables: ils ont cru neantmoins qu'il ne seroit pas inutile de vous avertir d'abord. 1. Que quand Monsieur DESCARTES enseigne, qu'en son nouveau Monde les parties de la matiere se tirent d'elles-mémes, hors de la confusion où l'on peut supposer qu'elles étoient, il entend qu'elles s'en tirent sans le secours des Creatures; comme lors qu'il dit ailleurs que la substance est par soy, ou qu'elle subsiste d'elle-méme. 2. Que s'il appelle Doctes ceux qui reçoivent aujourd'huy un premier Mobile, des étres de raison ou des étres déraisonnables & pareilles choses, c'est qu'il ne veut pas leur ôter le nom que plusieurs leur donnent, ou qu'il parle dans le sens que les Logiciens appellent divisé. 3. Que les exemplaires de ce Livre qu'on a vûs avant l'impression manquoient en plusieurs choses, principalement vers la page 246. mais que pour les corriger on se pouvoit servir du discours & des figures qui sont dans les principes de la Philosophie, composez par le méme Auteur : Part. 3. Art. 132. 137. 149. &c.

AV lieu des fautes qui se sont coulées icy, il faut lire par exemple dans la page 37 ligne 20. celuy-cy. 53. 19. ces. 60. 6. châcun. 10. & 255. 20. ailleurs. 64. 5. mélées. 18. composent. 20. & 114. 4. celles. 87. 1. trouvent. 115. 10. toute celle. dans la fig. de la page 151. mettez un'L. à côté de B. & au dessus d'A. 180. 5. tour. 6. jour. 13. elles retardent. 183. 4. côtes. 11. ou ils. 185. 2. s'y. 186. 8. qu'elles. 200. 11. de queles. 210. 3. le. 215. 16. lignes droites. 216. 9. enfin ils. 220. 12. tortu. 225. 16. par. 228. 9. diminuée. 232. 14. c. 235. 17. elle soutient. 237. 16. verres 255. 11. ou lances. 13. droites.

EXTRAIT DV PRIVILEGE DV ROY.

PAR Lettres Patentes du Roy données à Paris le dix-huitiéme jour d'Octobre mil six cens soixante-trois, Signées, BOVCOT. Il est permis à Iacques le Gras Marchand Libraire à Paris, d'imprimer, vendre & debiter en tous les lieux de l'obeïssance de sa Majesté, vn Liure intitulé *de la Lumiere, de Mr Descartes: & autres Traitez*, en telle marge & caractere qu'il voudra pendant l'espace de dix années, à compter du jour que le Livre sera achevé d'imprimer pour la premiere fois. Et fait deffenses à tous Libraires & autres de l'imprimer, vendre ny contrefaire pendant ledit temps, à peine de confiscation des Exemplaires, quatre mil livres d'amande, & de tous despens, dommages & interests, ainsi qu'il est plus à plein contenu ausdites Lettres.

Regiſtré ſur le Liure de la Communauté, le 27. Octobre 1663. Signé, E. MARTIN, Syndic.

Les Exemplaires ont eſté fournis.

Et ledit Iacques le Gras a fait part du preſent Privilege du Traité de la Lumiere ſeulement, à Michel Bobin, Nicolas le Gras & Theodore Girard, pour en joüir ſuivant l'accord fait entre-eux.

TRAITÉ DE LA LUMIERE,
ET DES AVTRES PRINCIPAVX OBIETS DES SENS.

CHAP. I.
De la difference qui est entre nos sentimens & les choses qui les produisent.

ME proposant de traiter icy de la Lumiere, la premiere chose dont ie veux vous avertir est, qu'il peut y avoir de la difference entre le sentiment que nous en avons ; c'est à dire l'idée qui s'en forme en nostre imagination, par le moyen de nos yeux, & ce qui est dans les objets qui produit en nous ce sentiment ; c'est à dire ce qui est dans la flâme ou dans le Soleil qui est appellé du nom de Lumiere. Car encore que chacun se persuade communément que les idées que nous avons en nostre pensée, sont entierement semblables aux objets dont elles procedent, ie ne vois point toutesfois de raison qui nous assure que cela soit uray : Mais je remarque au contraire plusieurs experiences qui nous en doivent faire douter. Vous savez bien que les paroles n'ayant aucune ressemblance avec les choses qu'elles signifient, ne laissent pas de nous les faire concevoir; & mémes c'est souvent sans que nous prenions nullement garde au son des mots, ni à leurs syllabes: en sorte qu'il peut arriver qu'après avoir ouy un discours, dont nous aurons fort bien compris le sens, nous ne pourrons pas dire en quelle langue il aura esté prononcé. Or si des mots qui ne signifient rien que par l'institution des hommes, suffisent pour nous faire concevoir des choses, avec lesquelles ils n'ont aucune ressemblance: Pourquoy la Nature ne peut-elle pas aussi bien avoir establi certain signe, qui nous

A ij

fasse avoir le sentiment de la Lumiere, bien qu'il n'ait rien en soy de semblable à ce sentiment? Et n'est-ce pas ainsi qu'elle a establi les ris & les larmes, pour nous faire lire la joye & la tristesse sur le visage des hommes? mais vous direz peut-estre que nos oreilles ne nous font veritablement sentir que le son des paroles, ni nos yeux que la contenance de celuy qui rit ou qui pleure; & que c'est nôtre esprit qui ayant retenu ce que signifient ces paroles, & cette contenance, nous le represente en mesme temps. A cela ie pourrois répondre que c'est nôtre esprit tout de mesme, qui nous represente l'idée de la Lumiere, toutes les fois que l'action qui la signifie, touche nôtre œil. Mais sans perdre le temps à disputer, j'auray plûtost fait d'apporter un autre exemple. Pensez-vous, lors mêmes que nous ne prenons pas garde à la signification des paroles, & que nous oyons seulement leur son, que l'idée de ce son qui se forme en nôtre pensée, soit quelque chose de semblable à l'objet qui en est la cause? Vn homme ouvre la bouche, remuë la langue, pousse son haleine, ie ne vois rien en toutes ces actions qui ne soit fort differant de l'idée du son, qu'elles nous font imaginer. Et la pluspart des Philosophes assurent, que le son n'est autre chose qu'un certain tremblement d'air, qui vient frapper nos oreilles. En sorte que si le sens de l'oüie rapportoit à nostre pensée la vraye image de son objet, il faudroit au lieu de nous faire concevoir le son, qu'il nous fist concevoir le mouvement des parties de l'Air, qui tremble pour lors contre nos oreilles. Mais parce que tout le monde ne voudra peut-estre pas croire ce que disent les Philosophes, j'apporteray encore un autre exemple. L'atouchement est celuy de tous nos sens, que l'on estime le moins trompeur & le plus assuré: De sorte que si je vous montre que l'atouchement même nous fait concevoir plusieurs idées qui ne ressemblent en nulle façon aux objets qui les produisent, ie ne pense pas que vous deviez treuver estrange, si je dis que la veuë peut faire semblable chose. Or il n'y a personne qui ne sache que les idées du chatoüillement & de la douleur, qui se forment en nôtre pensée à l'occasion des corps de dehors qui nous touchent, n'ont aucune ressemblance avec eux. On passe doucement une plume sur la levre d'un enfant qui s'endort, & il sent qu'on le chatoüille: pensez-vous que l'idée du chatoüillement qu'il conçoit, ressemble à quelque chose de ce qui est en cette plume? Vn Gend'arme revient d'vne mélée : pendant la chaleur du combat, il eût pû estre blessé, sans s'en appercevoir; mais maintenant qu'il commance à se refroidir, il sent de la douleur, il croit estre blessé : on appelle un Chirurgien, on ôte ses armes, on le visite, on treuve enfin que ce qu'il sentoit, n'estoit autre chose qu'une boucle, ou une courroye qui s'estant engagée sous ses armes, le pressoit & l'incommodoit. Si son atouchement, en luy faisant sentir cette courroye, en eût imprimé l'image en sa pensée, il n'auroit pas eu besoin d'un Chirurgien, pour l'avertir de ce qu'il sentoit. Or je ne vois point de raison qui nous oblige à croire, que ce qui est dans les objets d'où nous vient le sentiment de la Lumiere, soit plus semblable à ce sentiment, que les actions d'une plume & d'une courroye, le sont au chatoüillement & à la douleur. Et toutesfois, je n'ay point apporté ces exemples, pour vous faire croire assurément que cette Lumiere est autre dans les objets, que dans nos yeux; mais seulement afin que vous en doutiez, & que vous gardant d'estre preoccupez du contraire, vous puissiez maintenant, mieux examiner avec moy ce qui en est.

CHAP. II.

Ce que c'est dans le feu, que brûler, échauffer, & éclairer.

JE ne connois au monde que deux sortes de corps, dans lesquels la Lumiere se treuve, sçavoir les Astres & la Flâme, ou le Feu. Et parce que les Astres semblent sans doute vn peu plus éloignez de la connoissance des hommes, je tâcheray premierement d'expliquer ce que je remarque touchant la Flâme. Lors qu'elle brûle du bois ou quelqu'autre semblable matiere, nous pouvons voir à l'œil qu'elle re-

Chapitre II.

muë les petites parties de ce bois & les sepere l'une de l'autre, transformant ainsi les plus subtiles en feu, en air & en fumée, & laissant les plus grossieres pour les cendres. Qu'un autre donc imagine s'il veut en ce bois, la forme du feu, la qualité de la chaleur, & l'action qui le brûle, comme des choses toutes diverses; pour moy qui crains de me tromper, si j'i suppose quelque chose de plus, que ce que je vois necessairement y devoir estre; je me contente d'y concevoir le mouvement de ces parties. Car mettez-y du feu, mettez-y de la chaleur, & faites qu'il brûle tant qu'il vous plaira, si vous ne supposez point auec cela qu'il y ait aucune de ses parties qui se remuë, ni qui se détache de ses voisines, je ne me saurois imaginer qu'il reçoive aucune alteration ni aucun changement. Et au contraire ostez-en le feu, ostez-en la chaleur, empeschez qu'il ne brûle, pourveu seulement que vous m'accordiez qu'il y a quelque puissance, qui remuë violemment les plus subtiles de ses parties, & les separe des plus grossieres, je treuve que cela seul pourra faire en luy tous les mémes changemens qu'on experimente, quand il brûle. Or parce qu'il ne semble pas possible de concevoir qu'un corps en puisse remuër un autre, si ce n'est en se remuant aussi soy-mesme. Ie

Chapitre II.

conclus de cecy, que le corps de la flâme qui agit contre le bois, est composé de petites parties, qui se remuent separément l'vne de l'autre, d'un mouvement tres-prompt & tres violant; & qui se remuant en cette sorte, poussent & remuent avec soy les parties des corps qu'elles touchent, & qui ne leur font point trop de resistance. Ie dis que ses parties se remuent separément l'une de l'autre: car encore que souvent elles s'accordent & conspirent plusieurs ensemble pour faire un même effet, nous voyons toutesfois que chacune d'elles agit en son particulier, contre les corps qu'elles touchent. Ie dis aussi que leur mouvement est tres prompt

& tres-violant: car estant si petites qu'on ne les peut pas mêmes distinguer par la veuë, elles n'auroient pas tant de force qu'elles ont pour agir contre les autres corps, si la promptitude de leur mouvement ne recompensoit le deffaut de leur grandeur. Ie n'ajoûte point de quel costé chacune se remuë : car si vous considerez que comme j'ay assez expliqué en la Dioptrique, la puissance de se mouvoir, & celle qui determine de quel costé le mouvement se doit faire, sont deux choses toutes diverses, & qui peuvent estre l'une sans l'autre; vous jugerez aisément que chacune se remuë en la façon qui luy est renduë moins difficile, par la disposition des corps qui l'environnent ; & que dans la mesme flâme il peut y auoir des parties qui aillent en haut, & d'autres en bas, tout droit & en rond, & de tous costez, sans que cela change rien de sa nature. En sorte que si vous les voyez tendre en haut presque toutes, il ne faut point penser que ce soit pour autre raison, sinon pource que les autres corps qui les touchent, se trouvent presque toûjours disposez, à leur faire plus de resistance de tous les autres côtez. Mais apres avoir reconnu que les parties de la flâme se remuent en cette sorte, & qu'il suffit de concevoir ses mouvemens, pour comprendre comment elle a la puissance de consumer le bois & de brûler ; examinons, je vous prie, si le même ne suffiroit point aussi, pour nous faire comprendre comment elle nous échauffe, & comment elle nous éclaire. Car si cela se trouve, il ne sera point necessaire qu'il y ait en elle aucune autre qualité, & nous pourrons dire que ce mouvement seul est selon ses differens effets appellé, tantost Chaleur, & tantost Lumiere. Or pour ce qui est de la Chaleur, le sentiment que nous en avons, peut ce me semble, estre pris pour vne espece de douleur, quand il est violant, & quelquefois pour une espece de chatoüillement, quand il est moderé. Et comme nous avons

avons déja dit, qu'il n'y a rien hors de nôtre pensée, qui soit semblable aux idées que nous concevons du chatoüillement & de la douleur : Nous pouvons bien croire aussi, qu'il n'y a rien qui soit semblable à celle que nous concevons de la Chaleur ; mais que tout ce qui peut remuer diversement les petites parties de nos mains, peut exciter en nous ce sentiment. Mêmes plusieurs experiences favorisent cette opinion. Car en se frotant seulement les mains, on les échauffe : & tout autre corps peut aussi être échauffé, sans être mis auprés du feu, pourveu seulement qu'il soit agité & ébranlé, en telle sorte, que plusieurs de ses petites parties se remuent, & puiſſent remuer avec ſoy celles de nos mains. Pour ce qui eſt de la Lumiere, on peut bien auſſi concevoir, que le même mouvement qui eſt dans la flâme ſuffit pour nous la faire ſentir. Mais parce que c'eſt en cecy que conſiſte la principale partie de mon deſſein, je veux tâcher de l'expliquer plus au long, & reprendre mon Diſcours de plus haut.

CHAP. III.

Où l'on voit la varieté, la durée & la cause du mouvement, avec l'explication de la dureté & de la liquidité des Corps, dans lesquels il se trouve.

JE considere une infinité de divers mouvemens, qui durent perpetuellement dans le Monde. Et apres avoir remarqué les plus grands, qui font les jours, les mois & les années, je prens garde que les vapeurs de la terre ne cessent point de monter vers les nuées & d'en descendre, que l'air est agité par les vents, que la mer n'eſt jamais en repos, ni les rivieres, ni les fontaines : Que les plus fermes bâtimens tombent, que les plantes & les animaux ne font que croître ou ſe corrompre; enfin qu'il n'y a rien en aucun lieu qui ne ſe change. D'où je connois aſſez que ce n'eſt pas dans la flâme ſeule, qu'il y a quantité de petites parties qui ne ceſſent point de ſe remuer : Mais qu'il y en a auſſi en tous les autres corps, encore que leurs actions ne ſoient pas ſi violentes, & qu'à cauſe de leur petiteſſe, elles ne puiſſent eſtre apperçûës par aucun de nos ſens. Ie ne m'arreſte pas à chercher la cauſe de leurs mouvemens : car il me ſuffit de penſer qu'ils ont cómancé d'être auſſi-toſt que le Monde.

Et cela estant, je treuve par mes raisons, qu'il est impossible qu'ils cessent, ni même qu'ils changent autrement que de sujet. C'est à dire que la puissance de se mouvoir soy même qui est dans un corps, peut bien passer toute ou partie dans un autre, & ainsi n'être plus dans le premier; mais qu'elle ne peut pas n'être plus du tout dans le Monde: Mes raisons, dis-je, me satisfont assez là dessus, mais je n'ay pas encore occasion de vous les dire; & cependant vous pouvez imaginer, si bon vous semble, ainsi que font la plusparc des Doctes, qu'il y a quelque premier mobile qui roulant autour du Monde avec vne vîtesse incomprehensible, est l'origine & la source de tous les autres mouvemens, qui s'y treuvent. Or en suite de cette consideration, il y a moyen d'expliquer la cause de toutes les varietez qui paroissent sur la Terre. Mais je me contenteray icy de parler de celles qui servent à mon sujet. La difference qui est entre les corps durs & ceux qui sont liquides, est la premiere que je desire que vous sachiez; & pour cét effet, pensez que châque corps peut estre divisé en des parties extrêmement petites. Ie ne veux point déterminer si leur nombre est infini ou non; mais il est du moins certain qu'à l'égard de nôtre connoissance, il est indefini, & que nous pouvons supposer

Chapitre III.

qu'il y en a plusieurs millions dans le moindre grain de sable, qui puisse étre apperceu de nos yeux. Et remarquez que si deux de ces parties s'entretouchent, sans étre en action pour s'éloigner l'une de l'autre, il est besoin de quelque force pour les separer si peu que ce puisse étre. Car estant une fois ainsi posées, elles ne s'aviseroient jamais d'elles-mêmes, de se mettre autrement. Remarquez aussi qu'il faut deux fois autant de force, pour en separer deux que pour une ; & mille fois autant pour en separer mille. De sorte que s'il en faut separer plusieurs millions tout à la fois, comme il faut peut-estre faire, pour rompre vn seul cheveu ; ce n'est pas merveille, si l'on y employe vne force assez sensible. Au contraire, si deux ou plusieurs telles parties se touchent seulement en passant, & lors qu'elles sont en action pour se mouvoir l'une d'un costé, & l'autre de l'autre, il est certain qu'il faudra moins de force pour les separer, que si elles étoient tout à fait sans mouvement : Et mêmes qu'il n'y en faudroit point du tout, si le mouuement avec lequel elles se peuvent separer d'elles-mêmes est égal ou plus grand, que celuy avec lequel on les veut separer. Or je ne treuve point d'autre differance entre les corps durs & liquides, sinon que les parties des uns peuvent estre separées beau-

Chapitre III.

coup plus aisément que celles des autres. De sorte que pour composer le corps le plus dur qui puisse estre imaginé, je pense qu'il suffit si toutes ses parties se touchent, sans qu'il reste d'espace entre deux, ni qu'aucunes d'elles soient en action pour se mouvoir. Car quelle colle ou quel ciment y pourroit-on imaginer outre cela, pour les mieux faire tenir l'une à l'autre? Ie pense aussi que c'est assez pour composer le corps le plus liquide qui se puisse treuver, si toutes ses plus petites parties se remuent le plus diversement l'une de l'autre, & le plus viste qu'il est possible. Encore qu'avec cela, elles ne laissent pas de se pouvoir toucher l'une l'autre de tous côtez, & se ranger en aussi peu d'espace, que si elles étoient sans mouvement. Enfin ie croy que chaque corps approche plus ou moins de ses deux extremitez, selon que ses parties sont plus ou moins en action, pour s'éloigner l'vne de l'autre. Et toutes les experiences sur lesquelles je jette les yeux, me confirment en cette opinion. La flâme dont i'ay déja dit que les parties sont perpetuellement agitées, est non seulement liquide, mais aussi rend liquide la pluspart des autres corps. Voiez quand elle fond des metaux, elle n'agit pas avec une autre puissance, que quand elle brûle du bois. Mais parce que les parties des metaux sont à peu pres, toutes égales, elle ne les peut remuer l'une sans l'autre, & ainsi elle en compose des corps tous liquides : au lieu que les parties du bois sont tellement inégales qu'elle en peut separer les plus petites, & les rendre liquides c'est à dire les faire voler en fumée, sans agiter ainsi les plus grosses. Apres la flâme il n'y a rien de plus liquide que l'air, & l'on peut voir à l'œil que ses parties se remuent separément l'une de l'autre. Car si vous daignez remarquer ces petits corps, qui sont communément nommez atomes & qui paroissent aux rayons du Soleil, vous les verrez lors mêmes qu'il n'y aura point de vent qui les agite, voltiger incessamment çà & là, en mille façons differentes. On peut aussi éprouuer le semblable en toutes les liqueurs les plus grossieres, si l'on en méle de diverses couleurs l'une parmy l'autre, afin de mieux distinguer leurs mouvemens. Et enfin cela paroist tres clairement dans les eaux fortes, lors qu'elles remuent & separent les parties de quelque metal. Mais vous me pourrez demander en cét endroit, pourquoy si c'est le seul mouvement des parties de la flâme, qui fait qu'elle brûle & la rend liquide : Le mouvement des parties de l'air qui le rend aussi extrémement liquide, ne luy donne pas tout de même la puissance de brûler; mais au contraire, fait que nos mains ne le peuvent presque sentir. A quoy je répons: Qu'il ne faut pas seulement prendre garde à la vitesse du mouvement, mais aussi à la grosseur des parties : Et que ce sont les plus petites qui font les corps plus liquides ; mais que ce sont les plus grosses qui ont plus de force pour brûler, & generalement pour agir contre les autres corps. Remarquez, que je prens icy & prendray toûjours apres pour une seule partie, tout ce qui est joint ensemble, & n'est point en action pour se déjoindre: Encore que les corps qui ont tant soit peu de grosseur, puissent aisément être divisés en beaucoup d'autres corps. Ainsi un grain de sable, une pierre, un rocher, & toute la terre même pourra apres être prise pour une seule partie, entant que nous n'y considerons qu'un mouvement tout simple & tout égal. Or entre les parties de l'air s'il y en a de fort grosses à comparaison des autres, comme sont les atomes qui s'y voyent, elles se remuent aussi fort lentement; & s'il y en a qui se remuent plus viste, elles sont aussi plus petites. Mais entre les parties de la flâme, s'il y en a de plus petites que dans l'air, il y en a aussi de plus grosses, ou du moins, il y en a plus grand nombre d'égales aux plus grosses de celles de l'air, qui avec cela se remuent beaucoup plus viste : & ce ne sont que ces

Chapitre III.

dernieres, qui ont la puiſſance de brûler. Qu'il y en ait de plus petites, on le peut conjecturer de ce qu'elles penetrent au travers de pluſieurs corps dont les pores ſont ſi étroits, que l'air même n'y peut entrer. Qu'il y en ait ou de plus groſſes ou de groſſes en plus grand nombre, on le voit clairement en ce que l'air ſeul ne ſuffit pas pour la nourrir. Qu'elles ſe remuent plus viſte, la violance de leur action nous le fait aſſez éprouver. Et enfin que ce ſoient les plus groſſes de ces parties qui ont la puiſſance de brûler, & non point les autres, il paroiſt en ce que la flâme, qui ſort de l'eau de vie ou des autres corps fort ſubtils, ne brûle preſque point, &

qu'au contraire celle qui s'engendre dans les corps durs & pesans, est fort ardente.

CHAP. IV.

Quel jugement il faut faire du vuide : Et quelle est la raison pourquoy nos sens n'apperçoivent pas certains corps.

MAIS il faut examiner plus particulierement, pourquoy l'Air étant un corps aussi bien que les autres, ne peut pas aussi bien être senti : & il faut par même moyen nous délivrer d'une erreur dont nous avons tous

tous été préoccupez depuis nôtre enfance, lors que nous avons crû qu'il n'y avoit point d'autres corps autour de nous, que ceux qui pouvoient y être sentis : Et ainsi que si l'Air en étoit un, pour ce que nous le sentions quelque peu, il ne devoit pas au moins être si materiel ni si solide, que ceux que nous sentions davantage. Touchant quoy je desire, premierement que vous remarquiez, que tous les corps tant durs que liquides sont faits d'une même matiere, & qu'il est impossible de concevoir, que les parties de cette matiere composent jamais un corps plus solide, ni qui occupe moins d'espace qu'elles font, lors que chacune d'elles est touchée de tous côtez par les autres qui l'environnent; d'où il suit, ce me semble, que s'il peut y avoir du vuide quelque part, ce doit plûtost être dans les corps durs que dans les liquides. Car il est évident que les parties de ceux cy se peuvent bien plus aisément presser & agencer l'une contre l'autre, à cause qu'elles se remuent; que ne font pas celles des autres, qui sont sans mouvement. Si vous mettez de la poudre en quelque vase, vous le secoüez & frapez, pour faire qu'il y en entre davantage; mais si vous y versez une liqueur, elle se range incontinent d'elle même, en aussi peu de lieu qu'on la peut mettre. Et si vous

Chapitre IV.

considerez sur ce sujet quelques-unes des experiences dont les Philosophes ont accoûtumé de se servir, pour montrer qu'il n'y a point de vuide en la Nature, vous connoîtrez aisément que tous ces espaces que le peuple estime vuides, & où nous ne sentons que de l'air, sont du moins aussi remplis, & remplis de la même matiere que ceux où nous sentons les autres corps. Car dites-moy, je vous prie, quelle apparence y auroit-il que la Nature fît monter les corps les plus pesans & rompre les plus durs, ainsi qu'on experimente qu'elle fait en certaines machines, plûtost que de souffrir qu'aucunes de leurs parties cessent de

C ij

s'entretoucher, ou de toucher quelques autres corps, & qu'elle permit cependant que les parties de l'Air qui sont si faciles à plier & à agencer comme l'on veut, demeurassent auprès l'une de l'autre, sans s'entretoucher de tous côtez, ou bien sans qu'il y eût quelqu'autre corps parmy elles, auquel elles touchassent. Pourroit-on bien croire que l'eau qui est dans un puys, vint en haut contre son inclination naturelle, afin seulement que le tuyau d'une pompe soit remply, & penser que celle qui est dans les nuës ne dût point descendre icy bas, pour achever de remplir les espaces qui y sont, s'il y avoit tant soit peu de vuide entre les parties des

Chapitre IV.

corps qu'ils contiennent ? Mais vous me pourrez propofer icy une difficulté qui eft affez confiderable : favoir que les parties qui compofent les corps liquides, ne peuvent pas, ce femble, fe remuer inceffamment comme j'ay dit qu'elles font, fi ce n'eft qu'elles treuvent de l'efpace vuide parmy elles, au moins dans les lieux d'où elles fortent à mefure qu'elles fe remuent : à quoy j'aurois de la peine à répondre, fi je n'avois reconnu par diverfes experiences, que tous les mouvemens qui fe font au Monde, font en quelque façon circulaires, c'eft à dire que quand un corps quitte fa place, il entre toûjours en celle d'un autre, & ceſtuy cy en celle d'un autre, & ainsi de suitte jusques au dernier, qui occupe au même instant le lieu delaissé par le premier: en sorte qu'il ne se treuve pas davantage de vuide parmy eux, lorsqu'ils se remuent, que lors qu'ils sont arrétez. Et remarquez icy qu'il n'est point pour cela necessaire, que toutes les parties des corps qui se remuent ensemble, soient exactement disposées en rond comme un vray cercle, ni même qu'elles soient de pareille grosseur; car ces inégalitez peuvent étre compensées par d'autres inégalitez, qui se treuvent en leur vîtesse. Or nous ne remarquons pas commnunément ces mouvemens circulaires quand les corps se remuent en l'air, parce que nous sommes accoûtumez de ne concevoir l'air que comme un espace vuide: Mais voyez nager des poissons dans le bassin d'une fontaine, s'ils ne s'approchent point trop de la surface de l'eau, ils ne la feront nullement branler, encore qu'ils passent dessous avec une tres grande vîtesse. D'où il paroît manifestement que l'eau qu'ils poussent deuant eux, ne pousse pas indifferamment toute l'autre ; mais seulement celle qui peut mieux servir à parfaire le cercle de leur mouvement, & rentrer en la place qu'ils laissent. Et cette experience suffit pour montrer combien ces mouvemens circulaires sont aisez & familiers à la Nature; mais j'en veux apporter maintenant une, pour montrer qu'il ne s'en fait jamais aucun autre. Lors que le vin qui est dans un tonneau, ne coule point par l'ouverture qui est en bas, à cause que le dessus est tout fermé: c'est parler improprement que de dire, ainsi qu'on fait d'ordinaire, que cela se fait crainte du vuide. On sait bien que ce vin n'a point d'esprit, pour craindre quelque chose : Et quand il en auroit, je ne say pour quelle occasion, il pourroit apprehender ce vuide, qui n'est en effet qu'une chimere. Mais il faut dire plûtost, qu'il ne peut sortir de ce tonneau à cause que dehors tout

Chapitre IV.

est aussi plein qu'il peut estre, & que la partie de l'air dont il occuperoit la place s'il descendoit, n'en peut treuver d'autre où se mettre en tout le reste de l'Vnivers, si on ne fait une ouverture au dessus du tonneau, par laquelle cét air puisse remonter circulairement en sa place. Au reste je ne veux pas asseurer pour cela, qu'il n'y a point du tout de vuide en la Nature. Car j'aurois peur que mon Discours devint trop long, si j'entreprenois d'expliquer ce qui en est: & les experiences dont j'ay parlé, ne sont point suffisantes pour le prouver, quoy qu'elles le soient, pour persuader que les espaces où nous ne sentons rien, sont remplis de la même matiere, & contiennent autant pour le moins de cette même matiere; que ceux qui sont occupez par les corps que nous sentons. En sorte que lors qu'un vase par exemple est plein d'or ou de plomb, il ne contient pas pour cela plus de matiere, que lors que nous pensons qu'il soit vuide: ce qui peut sembler bien étrange à plusieurs, dont la raison ne s'étend pas plus loin que les doigts, & qui pensent qu'il n'y ait rien au Monde que ce qu'ils touchent. Mais quand vous aurez un peu consideré ce qui fait que nous sentons un corps ou que nous ne le sentons pas, je m'assure que vous n'y treuverez rien d'incroyable. Car

Chapitre IV.

vous connoîtrez évidemment que tant s'en faut que toutes les choses qui sont autour de nous puissent être senties, qu'au contraire ce sont celles qui y sont le plus ordinairement, qui le peuvent être le moins, & celles qui y sont toûjours ne le peuvent être jamais. La Chaleur de nôtre cœur est bien grande ; mais nous ne la sentons pas, à cause qu'elle est ordinaire. La pesanteur de nôtre corps n'est pas petite, mais elle ne nous incommode nullement: Nous ne sentons pas même celle de nos habits, parce que nous sommes accoûtumez à les porter. Et la raison de cecy est assez claire: Car il est certain que nous ne saurions sentir aucun corps, s'il n'eſt cauſe de quelque changement dans les organes de nos ſens, c'eſt a dire s'il ne remuë en quelque façon les petites parties de la matiere, dont ces organes ſont compoſez: Ce que peuvent bien faire les objets qui ne ſe preſentent pas toûjours, pourveu ſeulement qu'ils ayent aſſez de force. Car s'ils corrompent quelque choſe, pendant qu'ils agiſſent, cela ſe peut reparer apres par la Nature, lors qu'ils n'agiſſent plus. Mais ceux qui nous touchent continuellement, s'ils ont jamais eu la puiſſance de produire quelque changement en nos ſens, & de remuer quelques parties de leur matiere, ils ont dû à force de les remuer, les separer entierement des autres, depuis le commancement de nôtre vie, & ainsi ils n'y peuvent avoir laissé que celles qui resistent tout à fait à leur action, & par le moyen desquelles ils ne peuvent en aucune façon être sentis. D'où vous voyez que ce n'est pas merveille qu'il y ait plusieurs espaces autour de nous, où nous ne sentons aucun corps, encore qu'ils n'en contiennent pas moins que ceux, où nous en sentons le plus. Mais il ne faut pas penser pour cela, que cét air grossier que nous attirons dans nos poumons en respirant, qui se convertit en vent, quand il est agité, qui nous semble dur quand il est enfermé dans un balon, & qui n'est composé que d'exhalaison & de fumée, soit aussi solide que l'eau ni que la Terre. Il faut suivre en cecy l'opinion des Philosophes, lesquels assurent tous qu'il est plus rare. Et cecy se connoît facilement par experience : car les parties d'une goutte d'eau separées l'une de l'autre, par l'agitation de la chaleur, peuvent composer beaucoup plus de cét air que l'espace où étoit l'eau n'en sauroit contenir. D'où il suit infailliblement, qu'il y a grande quantité de petits intervales, entre les parties dont il est composé, car il n'y a pas moyen de concevoir autrement vn corps rare. Mais parce que ces intervales ne peuvent être vuides, ainsi que j'ay dit icy dessus, qu'il y a necessairement quelques autres corps, un ou plusieurs mélez parmy cét air, qui remplissent aussi justement qu'il est possible, les petits intervales qu'il laisse entre ses parties ; il ne reste plus maintenant, qu'à considerer quels peuvent étre ces autres corps : & j'espere qu'il ne sera pas apres mal-aisé de comprendre, quelle est la nature de la Lumiere.

CHAP. V.

La reduction des quatre Elemens à trois, avéque leur explication & leur établissement.

LEs Philosophes assurent qu'il y a au dessus des nuées un certain air beaucoup plus subtil que le nôtre, & qui n'est pas composé des vapeurs de la Terre comme luy, mais qui fait un Element à part. Ils disent aussi qu'il y a au dessus de cét air, encore un autre corps beaucoup plus subtil qu'ils appellent l'Element du Feu. Ils ajoûtent que ces deux Elemens sont mélez avec

avec l'Eau & la Terre, en la composition de tous les corps inferieurs: si bien que je ne feray que suivre leur opinion, si je dis que cét Air plus subtil & cét Element du Feu, remplissent les intervales qui sont entre les parties de l'air grossier que nous respirons; en sorte que ces corps entre-lacez l'un dans l'autre, composent une masse qui est aussi solide qu'aucun autre corps. Mais afin que je puisse mieux faire entendre ma conception sur ce sujet, & que vous ne pensiez pas que je veüille vous obliger à croire tout ce que les Philosophes racontent des Elemens, il faut que je vous les décrive à ma façon. Ie conçoy le premier qu'on peut nommer l'E-

D

lement du Feu, comme une liqueur la plus subtile & la plus penetrante qui soit au Monde. Et en suite de ce qui a été dit icy dessus, touchant la nature des corps liquides, je m'imagine que ses parties sont beaucoup plus petites, & se remuent beaucoup plus vîte, qu'aucune de celles des autres corps; ou plûtost afin de n'estre pas contraint de recevoir aucun vuide en la Nature, je ne luy attribuë point de parties qui ayent aucune grosseur ni figure determinée : mais je me persuade que l'impetuosité de son mouvement est suffisante, pour faire qu'il soit divisé en toutes façons & en tous sens, par la ren-

Chapitre V. 51

contre des autres corps, & que ses parties changent de figure à tous momens pour s'accomoder à celles des lieux où elles entrent: en sorte qu'il n'y a jamais de passages si étroits, ni d'angles si petits entre les parties des autres corps, où celles de cét Element ne penetrent sans aucune difficulté, & qu'elles ne remplissent exactement. Pour le second qu'on peut prendre pour l'Element de l'Air, je le conçois bien aussi comme vne liqueur tres-subtile, en le comparant avec le troisiéme: mais pour le comparer avec le premier, il est besoin d'attribuer quelque grosseur & quelque figure à chacune de ses parties, & de les imaginer à peu prés

D ij

toutes rondes & jointes enſemble, ainſi que de grains de ſable ou de pouſſiere. En ſorte qu'elles ne ſe peuvent ſi bien agencer, ni tellement preſſer l'une contre l'autre, qu'il ne demeure toûjours autour d'elles pluſieurs petits intervales, dans leſquels il eſt bien plus aiſé au premier Element de ſe gliſſer, qu'à elles de changer de figure expreſſément pour les remplir. Et ainſi je me perſuade, que ce ſecond Element ne peut étre ſi pur en aucun endroit du Monde, qu'il n'y ait toûjours avec luy, quelque peu de la matiere du premier. Apres ces deux Elemens je n'en reçois plus qu'un troiſiéme, ſavoir celuy de la Terre, duquel je juge que les parties ſont d'autant plus grosses & se remuent d'autant moins vîte, à comparaison de celles du second, que font celles-cy à comparaison de celles du premier. Et mêmes je croy que c'est assez de les concevoir comme une ou plusieurs grosses masses, dont les parties n'ont que fort peu ou point du tout de mouvement, qui leur fasse changer de situation l'une à l'égard de l'autre. Que si vous treuvez étrange que pour expliquer ces Elemens, je ne me serve point des qualitez qu'on nomme Chaleur, Froideur, Humidité & Sécheresse, ainsi que font les Philosophes: Ie vous diray que ses qualitez me semblent avoir elles-mêmes besoin d'explication, & que si je ne me trompe tant ces quatre que toutes les autres, & mêmes toutes les formes des corps inanimez peuvent être expliquées, sans qu'il soit besoin de supposer pour cét effet aucune autre chose en leur matiere, que le mouvement, la grosseur, la figure, & l'arangement de ses parties. Ensuite de quoy je vous pourray facilement faire entendre, pourquoy je ne reçoy point d'autres Elemens, que les trois que i'ay décris; car la difference qui doit être entre eux, & les autres corps que les Philosophes appellent mistes ou mélez & composez, consiste en ce que les formes de ces corps mélez, contiennét toûjours en soy quelques qualitez qui se contrarient & se nuisent, ou du moins qui ne tendent point à la conservation l'une de l'autre. Au lieu que les formes des Elemés doivent estre simples, & n'avoir aucunes qualitez, qui ne s'accordent ensemble si parfaitement, que chacune tende à la consevation de toutes les autres. Or ie ne saurois treuver aucunes formes au monde qui soient telles, excepté les trois que i'ay décrites. Car celle que i'ay attribuée au premier Element, consiste en ce que ses parties se remuent si extremement vîte, & sont si petites, qu'il n'y a point d'autres corps capables de les arrester : & qu'outre cela elles ne demandent aucune grosseur, ni figure, ni situation determinées : Celle du second, en ce que ses parties ont un mouvement & une grosseur si mediocre, que s'il se treuve plusieurs causes au Monde qui puissent augmenter leur mouvement & diminuer leur grosseur, il s'en treuve iustement autant d'autres qui peuvent faire tout le contraire ; En sorte qu'elles demeurent toûjours comme en balance en cette méme mediocrité. La forme du troisiéme consiste en ce que ses parties sont si grosses, ou tellement iointes ensemble, qu'elles ont la force de resister toûsiours aux mouvemens des autres corps. Examinez tant qu'il vous plaira toutes les formes que les divers mouve-

Chapitre V.

mens, la grosseur, la figure, & l'arrangement des parties de la matiere peuvent donner aux corps mêlez; Et je m'assure que vous n'en trouverez aucune qui n'ait en soy des qualitez qui tendent à faire qu'elle se change, & en se changeant qu'elle se reduise à quelqu'une de celles des Elemens. Par exemple la flâme dont la forme demande d'avoir des parties qui se remuent tres-vîte, & qui ayent avec cela quelque grosseur, ainsi qu'il a été dit, ne peut pas être long-temps sans se corrompre. Car, ou la grosseur de ses parties leur donnant la force d'agir contre les autres corps, sera cause de la diminution de leur mouvement, ou la violance de leur agitation les faisant rompre en se heurtant contre les matieres qu'elles rencontrent, sera cause de la perte de leur grosseur : & ainsi elles pourront peu à peu se reduire à la forme du troisiéme Element, ou à celle du second, & mesme aussi quelques-unes à celle du premier. En quoy vous pouvez connoistre la differance qui est entre cette flâme, ou le feu commun qui est parmy nous, & l'Element du Feu, que j'ay décrit. Et vous devez savoir que les Elemens de l'Air & de la Terre ne sont point semblables non plus à cét air grossier que nous respirons, ny à cette terre que nous voyons contre nos pieds; mais generalement que tous les corps qui paroissent autour de nous, sont mélez ou composez, & sujets à corruption. Toutesfois il ne faut pas penser pour cela, que les Elemens n'ayent aucuns lieux dans le móde qui leur soient particulierement destinez, & où ils se puissent continüellement conserver en leur pureté naturelle. Mais au contraire, puisque châque partie de la matiere tend toûjours à se reduire à quelques unes de leurs formes, & qu'y étant une fois reduite elle ne tend jamais à la quitter, encore mesmes que Dieu n'eut creé au commancement que des corps mélez, neanmoins depuis le temps que le monde est, tous ces corps auroient eu loisir de quitter leurs formes, & de prendre celle des Elemens. De sorte que maintenant il y a grande apparance, que tous les corps qui sont assez grands pour être contez entre les plus notables parties de l'Vnivers, n'ont chacune la forme que de l'un des Elemens toute simple : & qu'il ne peut y avoir des corps mélez aillieurs, que sur les superficies de ces grands corps : Mais là il faut de necessité qu'il y en ait. Car les Elemens étans de nature fort contraire, il ne se peut faire que deux d'entr'eux s'entretouchent, sans qu'ils agissent contre les superficies l'un de l'autre, & donnent ainsi à la matiere qui y est, les diverses formes de ces corps mélez. A propos de quoy si nous considerons generalement tous les corps dont l'Vnivers est composé, nous n'en trouverons que de trois sortes qui puissent étre appellez grands, & contez entre ses principales parties, savoir le Soleil & les Etoiles fixes pour la premiere, les Cieux pour la seconde, & la Terre avéque les Planetes & les Cometes pour la troisiéme. C'est pourquoy nous avons grande raison de penser que le Soleil & les Etoilles fixes n'ont autre forme que celle du premier Element toute pure, les Cieux celle du second, & la Terre avéque les Planetes & les Cometes, celle du dernier. Ie joints les Planetes & les Cometes avec la Terre. Car voyant qu'elles resistent comme elle à la Lumiere, & font refléchir ses rayons, je n'y treuve point de differance. Ie joints aussi le Soleil avec les Etoilles fixes, & leur atribuë une nature toute contraire à celle de la Terre. Car la seule action de leur lumiere me declare assez, que leurs corps sont d'une matiere fort subtile & fort agitée. Pour les Cieux, puisqu'ils ne peuvent être apperceus par nos sens, je pense avoir raison de leur atribuer une nature moyenne, entre celle des corps lumineux dont nous sentons l'action, & celle des corps durs & pesans dont nous sentons la resistance. Enfin nous n'apercevons point de corps mélez en aucun autre lieu que sur la superficie de la Terre, & si nous considerons que tout l'espace qui les contient, savoir tout celuy qui est depuis les nuées les plus hautes jusques aux fosses les plus profondes, que l'avarice des hommes ait jamais creusées pour en tirer les metaux, est extremément petit à comparaison de la Terre & des immenses étenduës du Ciel, nous nous pourrons facilement imaginer que ces corps mélez ne sont tous ensemble que comme une écorce qui est engendrée au dessus de la Terre, par l'agitation & le mélange de la matiere du Ciel qui l'environne. Et ainsi nous aurons occasion de penser que ce n'est pas seulement dans l'Air que nous respirons, mais aussi dans tous les autres corps composez jusques aux pierres les plus dures, & aux metaux les plus pesans qu'il y a des parties de l'Element de l'Air, mélez avec celles de la Terre, & par consequent aussi des parties de l'Element du Feu, parce qu'il s'en treuve toûjours dans les pores de celuy de l'Air. Mais il faut remarquer qu'encore qu'il y ait des parties de ces trois Elemens mélées l'une avec l'autre en tous cés corps, il n'y a toutefois, à proprement parler que celles qui, à cause de leur grosseur ou de la difficulté qu'elles ont à se mouvoir, peuvent étre rapportées au troisiéme, qui compose tous ceux que nous voyons autour de nous. Car celle des deux

Chapitre V.   65

deux autres sont si subtiles, qu'elles ne peuvent être aperceuës de nos sens. Et on se peut representer tous ces corps ainsi que des éponges, dans lesquelles encore qu'il y ait quantité de pores ou petis trous, qui sont toûjours pleins d'air ou d'eau, ou de quelqu'autre semblable liqueur, on ne juge pas toutefois que ces liqueurs entrent en la composition de l'éponge. Il me reste icy beaucoup d'autres choses à expliquer, & je serois bien aise d'y adjoûter quelques raisons pour rendre mes opinions plus vray semblables. Mais afin que la longueur de ce discours vous soit moins ennuyeuse, j'en veux envelopper une partie dans une fable, au travers de laquelle
E

j'espere que la verité ne laissera pas de paroître suffisamment, & qu'elle ne sera pas moins agreable à voir, que si je l'exposois toute nuë.

CHAP. VI.

Description d'un nouveau Monde, qui est tres-facile à connoître, mais semblable pourtant à celuy dans lequel nous sommes, ou mesmes au cahos que les Poëtes ont feint l'avoir precedé.

PErmettez donc pour un peu de temps à vôtre pensée de sortir hors de ce Monde, pour en venir voir un autre tout nouveau que je feray naître en sa presence, dans les espaces imaginaires. Les Philosophes nous disent que ces espaces sont infinis, & ils en doivent bien être crûs, car ce sont eux mêmes qui les ont faits ; mais afin que cette infinité ne nous empesche point, ne tâchons pas d'aller jusqu'au bout. Entrons y seulement si avant que nous puissions perdre de veuë toutes les creatures, que Dieu fît il y a cinq ou six mille ans, & apres nous être arrétez là en quelque lieu determiné, supposons que Dieu crée de nouveau tout autour de nous tant de matiere, que de quelque côté que nôtre imagination se puisse étendre, elle n'y aperçoive plus aucun lieu qui

E ij

soit vuide. Bien que la mer ne soit pas infinie, ceux qui sont au milieu sur quelque vaisseau, peuvent étendre leur veuë ce semble à l'infiny ; & toutesfois il y a encore de l'eau, par delà tout ce qu'ils voyent. Ainsi encore que nôtre imagination semble se pouvoir étendre à l'infiny, & que cette nouvelle matiere ne soit pas supposée être infinie ; nous pouvons bien toutesfois supposer, qu'elle remplit des espaces beaucoup plus grands, que tous ceux que nous aurons imaginé. Et mesme afin qu'il n'y ait rien en tout cecy, en quoy vous puissiez treuver à redire, ne permettons pas à nôtre imagination de s'étendre si loin qu'elle pourroit. Mais retenons la tout à dessein dans un espace determiné, qui ne soit pas plus grand par exemple, que la distance qui est depuis la Terre, jusques aux principales étoiles du Firmament: & supposons que la matiere que Dieu aura créée, s'étend bien loin au delà de tous côtez, jusques à une distance indefinie. Car il y a bien plus d'apparance, & nous avons bien mieux le pouvoir de prescrire des bornes à l'action de nôtre pensée, que non pas aux œuvres de Dieu. Or puisque nous prenons la liberté de feindre cette matiere à nôtre fantaisie, atribuós luy, s'il vous plaît, une nature en laquelle il n'y ait rien du tout que chacun ne puisse connoître aussi parfaitemét qu'il est possible. Et pour cét effet supposons expressément qu'elle n'a point la forme de la Terre, ni du Feu, ni de l'Air, ni aucune autre plus particuliere, comme du bois, d'une pierre, ou d'un métal, non plus que les qualitez d'être chaude ou froide, séche ou humide, legere ou pesante, ou d'avoir quelque goût, ou odeur, ou son, ou couleur, ou lumiere, ou autre semblable : en la nature de laquelle on puisse dire qu'il y ait quelque chose, qui ne soit pas évidemmét connuë de tout le monde. Et ne pensons pas aussi d'autre côté qu'elle soit cette matiere premiere des Philosophes, qu'on a si bien dépoüillée de toutes ses formes & qualitez, qu'il n'y est rien demeuré de reste qui puisse être clairement entendu: mais concevons la comme un vray corps parfaitement solide, qui remplit également toutes les largeurs, longueurs & profondeurs de ce grád espace, au milieu duquel nous avons arresté nôtre pensée; en sorte que chacune de ses parties occupe toûjours une partie de cet espace, tellement proportionnée à sa grandeur, qu'elle n'en sauroit remplir une plus grande, ni se retirer à une moindre, ni souffrir que pendant qu'elle y demeure, quelqu'autre y treuve place. Adjoûtons que cette matiere peut être divisée en toutes les parties, & selon toutes les figures que nous pouvons imaginer, & que chacune de ses parties est capable de recevoir en soy tous les mouvemens que nous pouvons aussi imaginer. Supposons de plus que Dieu l'a divisée véritablemét en plusieurs telles parties, les unes plus grosses, les autres plus petites: les unes d'une figure, & les autres d'une autre, telles qu'il nous plaira de les feindre. Non pas qu'il les sepáre pour cela, en sorte qu'elles ayent du vuide entre-deux ; mais pensons que toute la distinction qu'il y met, consiste en la diversité des mouvemens qu'il leur donne, faisant que depuis le premier instant qu'elles sont créées, les unes commencent à se mouvoir d'un côté, les autres d'un autre; les unes plus vîte, les

Chapitre VI. 73

autres plus lentement, ou si vous voulez, point du tout, & qu'elles continuënt apres, leur mouvement suivant les loix de la Nature. Car Dieu a si merveilleusement établi ces Loix, qu'encore que nous supposions qu'il ne crée rien de plus que ce que i'ay dit, & même qu'il ne mette en cecy aucun ordre proportionné ; mais qu'il en compose vn cahos le plus confus & le plus embroüillé que les Poëtes puissent décrire, elles sont suffisantes pour faire que les parties de ce cahos se démélent d'elles mêmes, & se disposent en si bon ordre, qu'elles auront la forme d'un Monde tres-parfait, dans lequel on pourra voir non seulement de la Lumiere ; mais aussi toutes les autres choses, tant generales que particulieres, qui paroissent dans ce vray Monde. Mais avant que j'explique cecy plus au long, arrestez-vous encore un peu à considerer ce cahos, & remarquez qu'il ne contient aucune chose qui ne vous soit si parfaitement connuë, que vous ne sçauriez pas mesme feindre de l'ignorer. Car pour les qualitez que j'y ay mises, si vous y auez pris garde, ie les ay seulement supposées, telles que vous les pouviez imaginer. Et pour la matiere dont ie l'ay côposé, il n'y a rien de plus simple, ni de plus facile à connoistre dans les creatures inanimées. Et son idée est tellement comprise en toutes celles que nôtre imagination peut former, qu'il faut neceffairement que vous la conceviez, ou que vous n'imaginiez jamais aucune chofe. Toutesfois parce que les Philofophes font fi fubtils, qu'ils fçavent trouver des difficultez dans les chofes qui femblent extremement claires aux autres hommes, & que le fouvenir de leur matiere premiere qu'ils fçavent eftre affez mal aifée à concevoir, les pourroit divertir de la connoiffance de celle dont ie parle ; Il faut que je leur dife en cét endroit, que fi je ne me trompe, toute la difficulté qu'ils éprouuent en la leur, ne vient que de ce qu'ils la veulent diftinguer de fa propre quantité & de fon étenduë exterieure, c'est à dire de la proprieté qu'elle a d'occuper de l'espace. En quoi toutesfois je veux bien qu'ils croyent avoir raison, car je n'ai pas dessein de m'arrester à les contredire. Mais ils ne doivent pas aussi trouver étrange, si je supose que la quantité de la matiere que j'ay décrite, ne differe non plus de sa substance que le nombre fait des choses nombrées, & si je conçois son étenduë ou la proprieté qu'elle a d'occuper de l'espace, non point comme un accident, mais comme sa vraye forme & son essence: car ils ne sçauroient nier qu'elle ne soit tres facile à concevoir en cette sorte. Et mon dessein n'est pas d'expliquer comme eux les choses qui sont en effet dans le vray monde; mais seulement d'en feindre un à plaisir, dans lequel il n'y ait rien, que le plus grossier esprit ne soit capable de concevoir, & qui puisse toutefois estre créé tout de mesme que je l'auray feint. Si j'y mettois la moindre chose qui fût obscure, il se pourroit faire que parmi cette obscurité il y auroit quelque repugnance cachée, dont je ne me ferois pas aperceu, & ainsi que sans y penser, je supposerois une chose impossible, au lieu que pouvant distinctemét imaginer tout ce que j'y mets, il est indubitable qu'encore qu'il n'y ait rien de tel dans l'ancien monde, Dieu le peut toutesfois créer dans un nouveau. Car il est certain qu'il peut créer toutes les choses, que nous pouvons jmaginer.

CHAP. VII.

Par quelles Lois & par quels moyens les parties de ce Monde se tireront d'elles mêmes hors du cahos, & de la confusion où elles étoient.

MAIS je ne veux pas differer plus long temps à vous dire, par quel moyen la nature seule pourra démêler la confusion du cahos dont j'ai parlé, & quelles sont les Lois que Dieu luy a imposées. Sachés donc, premierement que par la Nature je n'entens point icy quelque Déesse ou quelque autre sorte de puissance imaginaire : Mais que je me sers de ce mot pour signifier la matiere méme, en tant que je la considere avec les qualitez, que ie lui ay attribuées comprises toutes ensemble, & sous cette condition que Dieu continuë de la conserver en la méme façon, qu'il l'a creée. Car de cela seul qu'il continuë ainsi de la conserver, il suit de necessité, qu'il doit y avoir plusieurs changemens en ses parties, qui ne pouvant, ce me semble, être proprement attribuez à l'action de Dieu, parce qu'elle ne change point, ie les attribuë à la nature :

Et les reigles suivant lesquelles se font ces changemens, ie les nomme les Loix de la Nature. Pour mieux entendre cecy, souvenez vous qu'entre les qualitez de la matiere, nous avons supposé que ses parties avoient eu divers mouvemens, dés le commencement qu'elles ont esté creées : Et outre cela qu'elles s'entre-touchoient toutes de tous costez, sans qu'il y eût aucun vuide entre-deux. D'où il suit de necessité, que dés lors en commançant à se mouvoir, elles ont commencé aussi à changer & diversifier leurs mouvemens par la rencontre l'une de l'autre. Et ainsi que si Dieu les conserve aprés au mesme estat qu'il les a creées, il ne les conserve pas au même

même estat : C'est à dire que Dieu agissant toûjours en méme sorte, & par consequent produisant toûjours le mesme effet en substance, il se treuve comme par accident plusieurs diversitez en cét effet. Et il est facile à croire que Dieu qui, comme chacun doit sçavoir, est immuable, agit toûjours en mesme sorte. Mais sans m'engager plus avant dans des considerations Metaphysiques, ie mettray icy deux ou trois des principales regles, suivant lesquelles il faut penser que Dieu fait agir la nature de ce nouveau Monde, & qui suffiront comme ie croy, pour vous faire connoître toutes les autres. La premiere est, Que châque partie de la

F

matiere en particulier continuë toûjours d'étre en un méme état, pendant que la rencontre des autres ne la contraint point de le changer. C'est à dire, que si elle a quelque grosseur, elle ne deviendra jamais plus petite, sinon que les autres la divisent : Si elle est ronde ou quarrée, elle ne changera jamais cette figure, sans que les autres l'y contraignent: Si elle est arrétée en quelque lieu, elle n'en partira jamais, que les autres ne l'en chassent : Et si elle a une fois commencé à se mouvoir elle continuera toûjours avec égalle force, jusques à ce que les autres l'arrétent ou la retardent. Il n'y a personne qui ne croye que cette méme Régle s'observe dans l'ancien monde touchant la grosseur, la figure, le repos & mille autres choses semblables. Mais les Philosophes en ont excepté le Mouvement, qui est toutesfois ce que ie desire le plus expressément y comprendre. Et ne pensez pas pour cela que j'aye dessein de leur contredire, le mouvement dont ils parlent est si fort differant de celuy que j'y conçoy, qu'il se peut aisément faire que ce qui est vray de l'un, ne le soit pas de l'autre. Ils advoüent eux-mesmes que la nature du leur est fort peu connuë, & pour la rendre en quelque façon intelligible, ils ne l'ont encore seu expliquer plus clairement qu'en ces termes, *Motus est actus entis in potentia, prout in po-*

tentia, léquels sont pour moy si obscurs, que je suis côtraint de les laisser icy en leur langue, parce que ie ne les saurois interpreter. * Et au contraire la nature du mouvement duquel j'entens icy parler, est si facile à connoître, que les Geometres mêmes, qui entre tous les hommes se sont le plus estudié à concevoir bien distinctement les choses qu'ils ont consideréés, l'ont iugée plus simple & plus intelligible que celle de leurs superficiées, ni de leurs lignes ; ainsi qu'il paroît, en ce qu'ils ont expliqué la ligne par le mouvement d'un point, & la superficie par celuy d'une ligne.

* *Ces mots, le mouvement est l'acte d'un être en puissance, entant qu'il est en puissance, ne sont pas plus clairs, pour être François.*

Chapitre VII.

Les Philosophes supposent plusieurs mouvemens qu'ils pensent pouvoir être faits, sans qu'aucun corps change de place, comme ceux qu'ils appellent, *Motus ad formam, motus ad calorem, motus ad quantitatem,* * & mille autres. Et moy ie n'en connois aucun, que celuy que les Geometres ont iugé plus aisé à concevoir que leurs lignes, & qui fait que les corps passent d'un lieu à un autre, & occupent successivement tous les espaces qui sont entre-deux. Outre cela ils attribuënt au moindre de ces mouvemens, un être beaucoup plus solide & plus veritable qu'ils ne font au repos, lequel ils disent n'en être que la

*Mouvement à la forme, mouvement à la chaleur, mouvement à la quantité.

privation. Et moy je conçois que le repos est aussi bien une qualité qui doit estre attribuée à la matiere, pendant qu'elle demeure en une place, comme le mouvement en est une qui luy est attribuée, pendant qu'elle en change. Enfin le mouvement dont ils parlent, est d'une nature si étrange, qu'au lieu que toutes les autres choses ont pour fin leur perfection, & ne tachent qu'à se conserver; il n'a point d'autre fin ni d'autre but que le repos, & contre toutes les Lois de la nature, il tâche soy-mesme à se détruire. Mais au contraire celuy que ie suppose, suit les mesmes Loix de la Nature, que font generalement toutes les dispositiós

& toutes les qualitez qui se trou-
en la matiere : aussi bien celles
que les Doctes appellent, *Modos
& entia rationis cum fundamento
in re*, * comme leurs qualitez
réelles, dans léquelles, je confesse
ingenûment ne trouver pas plus
de realité que dans les autres.
Ie suppose pour la seconde Régle,
Que quád un corps en pousse un
autre, il ne luy peut donner aucun mouvement, qu'il n'en per-
de en mesme temps autant du
sien, ni luy en ôter que le sien
ne s'augmente d'autant. Cette
Régle jointe avec la precedente
se rapporte fort bien à toutes les
experiances, dans léquelles nous
voyons qu'un corps commence

* *Des modes & des étres de raison avec fondemens
dans la chose.*

F iiij

ou cesse de se mouvoir, pource qu'il est poussé ou arrété par quelque autre. Car ayant supposé la precedante, nous sommes exems de la peine où se trouvent les Doctes, quand ils veulent rendre raison de ce qu'une pierre continuë de se mouvoir, quelque temps apres étre hors de la main de celuy qui l'a jettée. Et on nous doit demander plûtost pourquoy elle ne continuë pas toûjours, dont la raison est facile à rendre. Car qui est-ce qui peut nier que l'air dans lequel elle se remuë, ne lui fasse quelque resistance? On l'entend siffler lors qu'elle le divise, & si l'on y remuë dedans vn évantail ou quelque autre corps fort leger & fort étendu, on pour-

Chapitre VII.

ra mêmes sentir au pois de la main, qu'il en empéche le mouvement, bien loin de le continuër, ainsi que quelques-uns ont voulu dire. Mais si l'on manque d'expliquer l'effet de sa resistance suivant nostre seconde Regle, & que l'on pense que plus un corps peut resister, plus il soit capable d'arrester le mouvement des autres, ainsi que peut-estre d'abord on se pourroit persuader, on aura de rechef bien de la peine à rendre raison pourquoy le mouvement de cette pierre s'amortit, plûtost en rencontrant un corps mol & dont la resistance est mediocre, qu'il ne fait lors qu'elle en rencontre un plus dur, & qui luy resiste davantage : Et pourquoy si tôt qu'elle a fait un peu d'effort contre ce dernier, elle retourne incontinant, comme sur ses pas, plûtôt que de s'arréter ni d'interrompre son mouvement pour son sujet. Au lieu que supposant cette Régle il n'y a point du tout en cecy de difficulté. Car elle nous aprend que le mouvement d'un corps n'est pas retardé par la rencontre d'un autre à proportion de ce que celui-cy luy resiste, mais seulement, à proportion de ce que sa resistance en est surmontée, & qu'en luy obeïssant il reçoit en soy la force de se mouvoir que l'autre quitte. Or encore qu'en la plus part des mouvemens que nous voyons dans le

Chapitre VII.

vray Monde, nous ne puiſſions pas apercevoir que les corps qui commencent ou ceſſent de ſe-mouvoir, ſoient pouſſez ou ar-reſtez par quelques autres, nous n'avós pas occaſion de juger pour cela que ces deux Regles n'y ſoiét pas exactement obſervées. Car il eſt certain que ces corps peuvent ſouvent récevoir leur agitatió des deux Elemens de l'Air & du Feu, qui ſe trouvent toûjours parmy eux, ſans y pouvoir étre ſentis, ainſi qu'il a tantoſt été dit, ou meſme de l'Air plus groſſier, qui ne peut non plus eſtre ſenty : Et qu'ils peuvent la transferer tantôt à cét Air plus groſſier, & tantôt à toute la maſſe de la Terre, en la-quelle étant diſperſée, elle ne peut être apperceuë. Mais encore que tout ce que nos sens ont jamais experimenté dans le vray Monde, semblât manifestement être contraire à ce qui est contenu dans ces deux Regles, la raison qui me les a enseignées, me semble si forte, que je ne laisserois pas de penser d'estre obligé de les supposer dans le nouveau, que ie vous décris. Car quel fondement plus ferme & plus solide pourroit-on trouver pour établir une verité, encore qu'on le voulût choisir à souhait, que de prendre la fermeté méme, & l'immutabilité qui est en Dieu? Or est il que ces deux Régles suivent manifestement de cela seul que Dieu est immuable, & qu'en agissant toûjours en méme forte, il produit toûjours le méme effet. Car fuppofant qu'il a mis certaine quantité de mouvement dãs toute la matiere en general, dés le premier inftant qu'il l'a creée, il faut advoüer qu'il y en conferve toûjours autant, ou ne pas croire qu'il agiffe toûjours en melme forte. Et fuppofant avec cela que dés ce premier inftant les diverfes parties de la matiere dans léquelles ces mouvemens fe font trouuez inegalement difperfez, ont commencé à les retenir, ou à les transferer de l'une à l'autre, felon qu'elles en ont pû avoir la force ; Il faut necessairement penfer qu'il leur fait toûjours continuer la méme chofe. Et c'eft le contenu de ces deux Régles. J'adjoûteray pour la Troisiéme, Que lorsqu'un corps se remuë, encore que son mouvement se fasse souvent en ligne courbe, & qu'il ne s'en puisse jamais faire aucun qui ne soit en quelque façon circulaire, ainsi qu'il a esté dit icy dessus : toutesfois chacune de ses parties en particulier, tend toûjours à continuer le sien en ligne droite. Et ainsi leur action, c'est à dire l'inclinatió qu'elles ont à se mouvoir, est differante de leur mouvement. Par exemple, si l'on fait tourner une roüe sur son essieu, encore que toutes ses parties aillent en rond, parce qu'étant jointes l'une à l'autre, elles ne sauroient aller autrement : Toutes-

Chapitre VII.

fois leur inclination est d'aller droit ; ainsi qu'il paroist clairement, si quelqu'une par hazard se détache des autres. Car aussitôt qu'elle est en liberté, son mouvement cesse d'estre circulaire, & se continuë en ligne droite. De méme quand on fait tourner une pierre dans une fróde, non seulement elle va tout droit, aussi tost qu'elle en est sortie : mais de plus pendant tout le temps qu'elle y est, elle presse le milieu de la fronde & fait tendre la corde, montrant évidemment par là qu'elle a toûjours inclination d'aller en droite ligne, & qu'elle ne va en rond que par contrainte. Cette Regle est appuyée sur le méme fondement que les deux autres,

& ne dépend que de ce que Dieu conserve châque chose par une action continuelle, & par consequent qu'il ne la conserve point telle qu'elle peut avoir esté quelque temps auparauant: mais précisément telle qu'elle est au méme instant, qu'il l'a conserve. Or est-il que de tous les mouvemens il n'y en a que le droit qui soit entierement simple, & dont toute la nature soit comprise en un instant. Car pour le conceuoir il suffit de penser qu'un corps est en action, pour se mouvoir vers certain côté, ce qui se trouve en châcun des instans qui peuvent estre determinés, pendant le temps qu'il se remuë : Au lieu que pour concevoir le circulaire, ou quelque qu'autre que ce puisse étre, il faut au moins considerer deux de ses instans, ou plûtôt deux de ses parties, & le rapport qui est entre elles. Mais afin que les Philosophes ne prennent pas icy occasion d'exercer leurs subtilitez superfluës, remarquez que je ne dis pas pour cela que le mouvement droit se puisse faire en un instant : Mais seulement que tout ce qui est necessaire pour le produire, se treuve dans les corps en châque instant qui puisse être determiné, pendant qu'ils se remuënt, & non pas tout ce qui est necessaire pour produire le circulaire. Comme, si une pierre se remuë dans une fronde, suivant le cercle marqué, A. B.

G

98 *Traité de la Lumiere,*

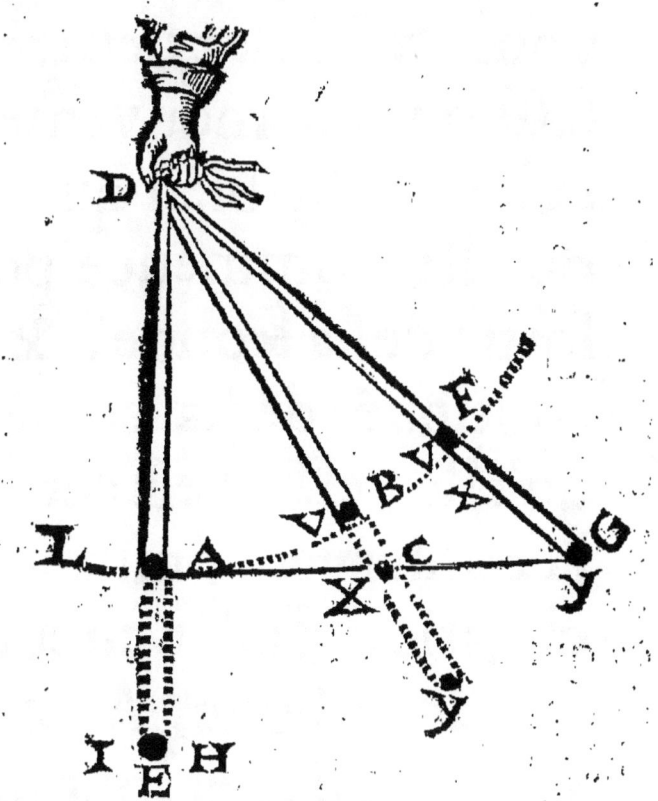

Et que vous la confideriez preci-
fément telle qu'elle eft en l'inftant
qu'elle arrive au point A, vous
trouvez bien qu'elle eft en action
pour fe mouvoir, car elle ne s'y ar-
rête pas, & pour fe mouvoir vers

certains côtez, savoir vers C, car c'est vers là que son action est determinée en cét instant : Mais vous n'y sauriez rien treuver, qui fasse que son mouvement soit circulaire. Si bien que supposant qu'elle commence pour lors à sortir de la fronde, & que Dieu continuë de la conserver telle qu'elle y est, il est certain qu'il ne la conservera point avéque l'inclination d'aller circulairement, suivant la ligne, A & B. Mais avec celle d'aller tout droit vers le point C. Suivant donc cette Régle, il faut dire que Dieu seul est Auteur de tous les mouvemens entant qu'ils sont, & entant qu'ils sont droits, mais que ce sont les diverses dispositions de la matiere

G ij

qui les rendent irreguliers & courbez ; ainsi que les Theologiens nous aprennent que Dieu est aussi Auteur de toutes nos actions, entant qu'elles sont, & entant qu'elles ont quelque bonté : mais que ce sont les diverses dispositiōs de nos volontez qui les peuvent rendre vicieuses. Ie pourrois mettre encore icy plusieurs régles pour determiner en particulier, quand & comment, & de combien le mouvement de châque corps peut être détourné, ou augmenté, ou diminué par la rencontre des autres : ce qui comprend souverainement tous les effets de la nature : mais ie me contenteray de vous advertir qu'outre les lois que j'ay expliquées, ie n'en veux point supposer d'autres que celles qui suivent infailliblement de ces veritez éternelles, sur léquelles les Mathematiciens ont accoûtumé d'appuyer leurs plus certaines & plus évidentes demonstrations: ces veritez disje suivant léquelles, Dieu méme nous a enseigné qu'il avoit disposé toutes choses en nóbre, en pois, & en mesure, & dont la connoissance est si naturelle à nos ames, que nous ne saurions ne les pas juger infaillibles, lors que nous les concevons distinctement; ni douter que si Dieu avoit créé plusieurs Mondes, elles ne fussent en tous aussi veritables qu'en celui-cy. De sorte que ceux qui sauront suffisamment examiner les consequences de ces veritez & de nos régles, pourront connoître les effets par leurs causes, & pour m'expliquer en termes de l'Ecole, avoir des demonstrations *a Priori** de tout ce qui peut estre produit en ce nouveau Monde. Et afin qu'il n'y ait point d'exception qui l'empéche, nous adjoûterons, s'il vous plait, à nos suppositions, que Dieu n'y fera jamais aucun miracle, & que les Intelligences ou les ames raisonnables que nous y pourrons apres supposer, n'y troubleront nullement le cours ordinaire de la nature. Ensuite de quoy toutesfois ie ne vous promets pas, de mettre icy des demonstrations exactes de toutes les choses que ie diray : ce sera assez que j'ouvre le

* *Par la cause.*

Chapitre VII.

chemin par lequel vous les pourrez treuver de vous mêmes, quád vous prendrez la peine de les chercher. La pluspart des esprits se dégoutent lors qu'on leur rend les choses trop faciles : & pour faire icy un Tableau qui vous agrée, il est besoin que j'y employe de l'óbre aussi bien que des couleurs claires : si bien que ie me contenteray de poursuivre la description que j'ay commencée, comme n'ayant autre dessein que de vous raconter une fable.

CHAP. VIII.

Comment dans le Monde auparavant décrit, il se formera un Soleil & des Etoiles.

Quelques inegalitez & quelques confusions que nous puissiós supposer que Dieu aît mises au cómencement entre les parties de la matiere, il faut suivãt les loix qu'il a imposées à la nature, qu'elles se soient aprés reduites presque toutes à une grosseur, & à un mouvement mediocre, & ainsi qu'elles ayent pris la forme du second Element, telle que ie l'ay icy-dessus expliquée.

Chapitre VIII.

Car pour côsiderer cette matiere en l'état qu'elle auroit pû estre avant que Dieu eût commencé de la mouvoir, on la doit imaginer comme le corps le plus dur & le plus solide qui soit au monde. Et comme on ne sauroit pousser aucune partie d'un tel corps, sans pousser aussi ou tirer par mesme moyé toutes les autres, ainsi faut-il penser que l'action ou la force de se mouvoir & de se diviser qui aura été mise d'abord en quelques unes de ses parties, s'est épanduë & distribuée en toutes les autres au méme instant, aussi également qu'il se pouvoit. Il est vray que cette égalité n'a pû totalement étre parfaite. Car premierement à cause qu'il n'y a point du tout de vuide en ce nouveau Monde, il a été impoſſible que toutes les parties de la matiere ſe ſoient mûës en ligne droite : mais eſtant égales à peu prés & pouvant preſque auſſi facilement être détournées l'une que l'autre, elles ont dû s'acorder toutes enſemble à quelques mouvemens circulaires. Et toutesfois à cauſe que nous ſuppoſons que Dieu les a mûës d'abord diverſement, nous ne devôs pas penſer qu'elles ſe ſoient toutes acordées à tourner autour d'un ſeul centre, mais au tour de pluſieurs differens, & que nous pouvons imaginer diverſement ſituez les uns à l'égard des autres. Enſuite dequoy l'on peut côclure qu'elles ont dû naturellement être moins agitées ou plus petites, ou l'une & l'autre ensemble vers les lieux les plus proches de ces centres, que vers les plus éloignez. Car ayant toutes inclinatió à continuer leur mouvemét en ligne droite, il est certain que ce sont les plus fortes, c'est à dire les plus grosses entre celles qui étoient également agitées, & les plus agitées entre celles qui étoient également grosses, qui ont dû décrire les plus grands cercles, comme étant les plus aprochans de la ligne droite. Et pour la matiere contenuë entre trois ou plusieurs de ces cercles, elle a pû d'abord se treuver beaucoup moins divisée & moins agitée que toute l'autre. Et qui plus est, parce que nous supposons que Dieu a mis au commencement toute sorte d'inegalité entre les parties de cette matiere, nous devons penser qu'il y en a eu pour lors de toute sorte de grosseur & de figure, & de disposées à se mouvoir ou à ne se mouvoir pas en toutes façons & en tous sens. Mais cela n'empéche pas qu'elles ne se soient apres renduës presque toutes assez égales, principalement celles qui sont demeurées à pareille distance des centres, autour déquelles elles tournoyoiét. Car ne se pouvant mouvoir les unes sans les autres, il a fallu que les plus agitées communicassent de leur mouvement à celles qui l'estoiét moins, & que les plus grosses se rompiſſent & diviſaſſent, afin de pouvoir paſſer par les mémes lieux que celles qui les precedoiét, ou bien qu'elles montaſſent plus haut: & ainſi elles ſe ſont arrangées en peu de temps toutes par ordre, en telle ſorte que châcune s'eſt treuvée plus ou moins éloignée du centre, au tour duquel elle a pris ſon cours, ſelon qu'elle a été plus ou moins groſſe & agitée, à comparaiſon des autres. Et mémes parce que la groſſeur repugne toûjours à la viteſſe du mouvement, on doit penſer que les plus éloignées de châque centre ont été celles qui étant un peu plus petites que les plus proches, ont été avec cela de beaucoup plus agitées. Tout de méme

Traité de la Lumiere,
pour leurs figures écore que nous supposions qu'elles ayent été au commencement de toutes sortes, & qu'elles ayét eu pour la pluspart plusieurs ãgles & plusieurs côtés, ainsi que les pieces qui s'écartent d'une pierre, quand on la rompt: il est certain qu'aprés en se remuant & se heurtant l'une contre l'autre, elles ont dû rompre peu à peu les petites pointes de leurs angles, & émousser les quarrez de leurs costez, jusques à ce qu'elles se soient renduës à peu prés toutes rondes, ainsi que font les grains de sable & les cailloux, lors qu'ils roullent avec l'eau d'une riviere. Si bié qu'il n'y peut avoir maintenant aucune notable difference entre celles qui sont assez

Chapitre **VIII.**

voyſines, ni méme auſſi entre celles qui ſont fort éloignées, ſinon en ce qu'elles peuvent ſe mouvoir un peu plus vîte, & eſtre un peu plus petites ou plus groſſes l'une que l'autre. Et cecy n'empéche pas qu'on ne leur puiſſe attribuer à toutes la méme forme : ſeulement en faut-il excepter quelques-unes qui ayant été dés le commencement beaucoup plus groſſes que les autres, n'ont pû ſi facilement ſe diviſer, ou qui ayāt eu des figures fort irregulieres & empéchantes ſe ſont plûtôt jointes pluſieurs enſemble que de ſe rompre pour s'arrondir ; & ainſi elles ont retenu la forme du troiſiéme Element, & ōt ſervi à compoſer les planetes & les cometes, comme je vous diray apres. De plus, il est besoin de remarquer que la matiere qui est sortie d'autour des parties du second Element, à mesure qu'elles ont rompu & émoussé les petites pointes de leurs angles pour s'arrondir, a dû necessairement acquerir un mouvement beaucoup plus vîte que le leur, & ensemble une facilité de se diviser & de cháger à tous momens de figure, pour s'accómoder à celle des lieux où elle se trouvoit: & ainsi qu'elle a pris la forme de l'Element que j'ay icy-dessus expliqué tout le premier. Ie dis qu'elle a dû acquerir un mouvement beaucoup plus vîte que le leur, & la raison en est évidante. Car devant sortir

de

Chapitre VIII.

costé & par des passages fort étroits, hors des petits espaces qui sont entre elles à mesure qu'elles s'alloient rencontrer de front l'une l'autre, elle avoit beaucoup plus de chemin qu'elles à faire en même temps. Il est aussi besoin de remarquer que ce qui se treuve de plus de ce premier Element qu'il n'é faut, pour remplir les petits intervalles que les parties du second, étant rondes laissent necessairement autour d'elles, se doit retirer vers les centres, autour déquels elles tournent, à cause qu'elles occupent tous les autres lieux plus éloignés : & que là il doit composer des corps rōds parfaitement liquides & subtils, léquels tournans sans cesse beau-

H

coup plus vîte, & en méme sens que les parties du secõd Element qui les environne, ont la force d'augmenter l'agitation de celle dont ils sont les plus proches, & mémes de les pousser toutes de tous côtez, en tirant du centre vers la circonferance, ainsi qu'elles se poussent aussi les unes les autres par une action qu'il faudra tantôt que j'explique le plus exactement que ie pourray. Car ie vous advertis que c'est elle, que nous prendrons icy pour la Lumiere. Comme nous y prendrons aussi, s'il vous plaist, ces corps ronds composés de la matiere du premier Element toute pure, l'un pour le Soleil, & les autres pour les Estoiles fixes du nouveau

Chapitre VIII.

Monde que ie vous décris, & la matiere du second Element qui tourne autour d'eux, pour les Cieux. Imaginez vous par exemple que les points, S. E. e. A. sont les centres dont ie vous parle, & que toute la matiere comprise en l'espace F. G. G. F. est un Ciel qui tourne autour du Soleil marqué S. & toutes celles de l'espace H. G. G. H. un autre qui tourne autour de l'Etoille marquée e. & ainsi des autres : En sorte qu'il y a autant de divers Cieux, comme d'Etoiles déquelles le nombre est indefiny, & que le Firmament n'est autre chose que la superficie sans épaisseur, qui separe tous les Cieux les uns des autres. Pensez aussi que les

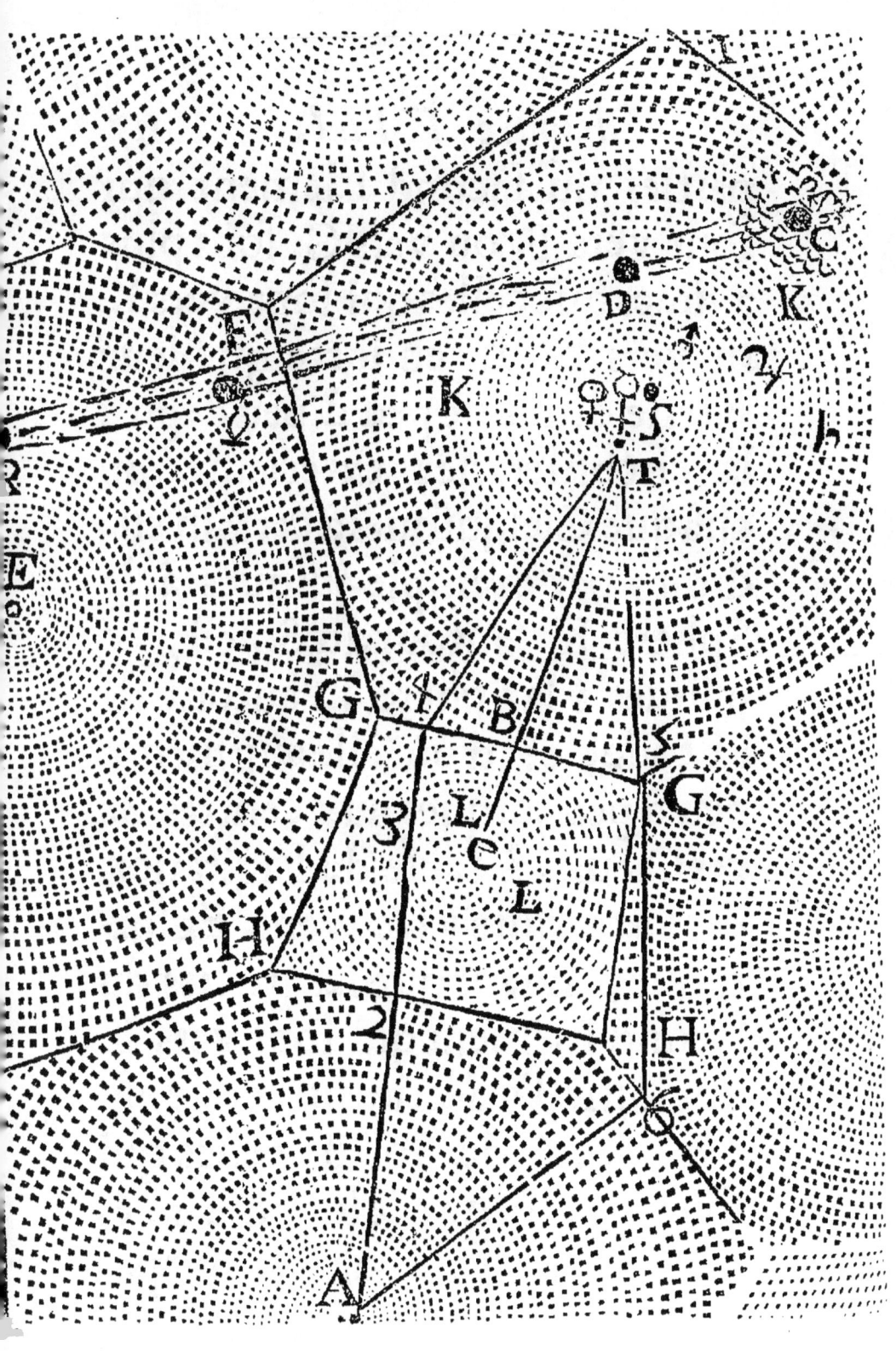

parties du second Element qui sont vers F. ou vers G. sont plus agitées que celles qui sont vers K ni vers L. L. en sorte que leur vitesse diminuë peu à peu depuis la circonferance exterieure de châque Ciel, jusques à certain endroit, par exemple jusques à la Sphere K autour du Soleil, & jusques à la Sphere L. autour de l'Etoile, e: d'où elle augmente peu à peu jusques aux centres de ces Cieux, à cause de l'agitation des astres qui s'y treuvent. Ensorte que pendant que les parties du second Element qui sont vers K ont loisir d'y décrire un cercle entier autour du Soleil, celles qui sont vers T. que ie suppose en être dix fois plus proches, n'ont pas seulement eu loisir d'y en decrire dix, ainsi qu'elles feroiét, si elles ne se remüoient qu'également vîtes; mais peut-estre plus de trente. Et de rechef, celles qui sont vers F. ou vers G. que je suppse en étre deux ou trois mille fois plus éloignées, en peuvent peut-estre décrire plus de soixante. D'où vous pourrez entendre tantôt que les Planetes qui sont les plus hautes, se doivent remuer plus lentement que les plus basses ou plus proches du Soleil: Et ensemble plus lentement que les cometes qui en sont toutesfois plus éloignées. Pour la grosseur de chacune des parties du second Element, on peut penser qu'elle est égale en toutes celles qui sont depuis la

Chapitre VIII

circonferance exterieure du Ciel F. G. G. F. jusques au cercle K. ou mémes que les plus hautes d'entre elles sont quelque peu plus petites que les basses, pourveu qu'on ne suppose point la differance de leur grosseur plus grande à proportion, que celle de leur vitesse : mais il faut penser au contraire que depuis le cercle K. jusques au Soleil, ce sont les plus basses qui sont les plus petites, & mesmes que la differance de leur grosseur est plus grande ou du moins aussi grande à proportion, que celle de leur vitesse. Car autrement ces plus basses étant les plus fortes à cause de leur agitation elles iroient occuper la place des plus hautes. Enfin remarquez que vû la façon dont j'ay dit que le Soleil & les autres Etoiles fixes se formoient, leurs corps peuvent estre si petits à l'égard des Cieux qui les contiennent, que méme tous les cercles K. L. & semblables qui marquent jusques où leur agitation fait avancer le cours de la matiere du second Element, ne seront considerables à comparaison de ces Cieux, que comme des points qui marquent leur centre. Ainsi que les nouveaux Astronomes ne considerent quasi que comme un point toute la Sphere de Saturne, à comparaison du Firmament.

CHAP. IX.

L'Origine, le cours, & les autres proprietez des Cometes, & des Planetes en general : & en particulier des Cometes.

OR afin que je commence à vous parler des Planetes & des Cometes, considerez que vû la diversité des parties de la matiere que j'ay supposée, bien que la plûpart d'entre elles en se froissant & divisant par la rencontre l'une de l'autre, ayent pris la forme du second Element ou du premier : Il ne laisse pas de s'en être encore treuvé de deux sortes, qui ont dû retenir celle du troisiéme. Savoir celles dont les figures ont été si étenduës & si empéchantes que lors qu'elles se sont rencontrées l'une l'autre, il leur a été plus aisé de se joindre plusieurs ensemble, & par ce moyen de devenir grosses, que de se rompre & s'amoindrir : Et celles qui ayant été dés le commencement les plus grosses & les plus massives de toutes, ont bien pû rompre & froisser les autres en les heurtant, mais non pas reciproquemét en étre froissées. or soit que vous vous imaginiez que ces deux sortes de parties ayent été d'abord fort agitées, ou fort peu, ou point du tout : Il est certain qu'elles se doivent apres mouvoir de méme branle que la matiere du Ciel, qui les contient. Car si elles se sont mûës plus vîte auparavant, n'ayant pû manquer de la pousser en la rencontrant en leur chemin, elles ont dû en peu de temps luy transferer une partie de leur agitation. Et si au contraire elles n'ont eu en elles mémes aucune inclination à se mouvoir, neantmoins estant environnées de toutes parts de cette matiere du ciel, elles ont dû necessairement suivre son cours : ainsi que les batteaux & les autres divers corps qui florêt dans l'eau, aussi bien les plus grãds & les plus massifs, que ceux qui le sont moins, suivent celuy de l'eau dans laquelle ils sont, quand il n'y a rien d'ailleurs qui les en empéche. Et remarquez qu'entre les divers corps qui flotent ainsi en l'eau, ceux qui sont assez durs & assez massifs, comme sont les batteaux ordinairement, principalement les plus grands & les plus chargez, ont toûjours beaucoup plus de force qu'elle à continuer leurs mouvemens, encore méme que ce soit d'elle seule qu'ils l'ayent receuë. Et qu'au contraire ceux qui sont fort legers, tels que peuvent étre ces amas d'écume blanche, qu'on voit floter le long des rivages en temps de tempeste, en ont moins. En sorte que si vous imaginez deux Rivieres qui se joignent en quelques endroits l'une à l'autre, & qui se separent derechef un peu apres, avant que leurs eaux qu'il faut supposer fort calmes & d'une force assez égale, mais avec cela fort rapides, ayent loysir de se mêler : les Batteaux ou les autres corps assez massifs & pesans qui serót emportés par le cours de l'une, pourront facilement passer en l'autre: au lieu que les plus legers s'en éloigneront & seront rejettez par la force de cette eau, vers les lieux où elle est le moins rapide. Par exemple, si ces Rivieres sont A. B. F. & C. D. G. qui venant de deux côtez differens, se rencontrent vers E. puis de là se détournent A. B. vers F. & C. D. vers G. Il est certain que le bateau H. suivant le cours de la

Riviere A. B. doit paſſer par E. vers G. Et reciproquement le bateau I. vers F. ſi ce n'eſt qu'ils ſe rencontrent tous deux au paſſage en méme temps, auquel cas le plus grand & le plus fort brisera l'autre : Et qu'au contraire l'écume, les feüilles d'arbres & les plumes, les fêtus, & autres tels corps fort legers qui peuvent floter vers A. doivent étre pouffez par le cours de l'eau qui les contient, non pas vers E. & G. mais vers B. où il faut penfer qu'elle eft moins forte, & moins rapide que vers E. parce qu'elle y prend fon cours fuivant une ligne qui eft moins approchante de la droite. Et de plus, il faut confiderer que tant ces corps legers que d'autres plus pefans & maffifs, en fe rencontrant fe peuuent joindre, & tournoyant avéque l'eau qui les entraîne, compofer plufieurs enfemble de groffes boules, telles que vous voyez K. & L. dont les unes comme L. vont vers E. & les autres comme K. vers B. selon que châcune est plus ou moins solide, & composée de parties plus ou moins grosses & massives. A l'exemple de quoy il est aisé de côprendre, qu'en quelque endroit que se soient trouvées au commencement les parties de la matiere, qui ne pouvoiét prendre la forme du second Element ni du premier : toutes les plus grosses & plus massives d'entre elles, ont dû en peu de temps prendre leur cours vers la circonferance exterieure des Cieux qui les contenoient, & passer apres continuellement des uns de ces Cieux dans les autres, sans s'arréter rêter jamais beaucoup de temps de suite dans le même : Et qu'au contraire toutes les moins massives ont dû être poussées châcune vers le centre du Ciel qui les contenoit, par le cours de la matiere de ce ciel. Et que vû les figures que ie leur ay attribuées, elles ont dû en se rencontrant l'une l'autre, se joindre plusieurs ensemble, & composer de grosses boules, qui tournoyans dans les cieux, y ont un mouvement temperé de tous ceux, que pourroient avoir leurs parties étans separées : en sorte que les unes se vont rendre vers les circonferances de ces cieux, & les autres vers leurs centres. Et sachez que ce sont celles qui se vont ainsi ranger vers le centre de quelque ciel, que nous devons prendre icy pour les Planettes, & celles qui passent au travers de divers cieux, que nous devons prendre pour des Cometes. Or premierement touchant ces Cometes, il faut remarquer qu'il y en doit avoir peu en ce nouveau Monde, à comparaison du nombre des cieux. Car encore qu'il y en eût eu beaucoup au cómencement, elles auroient dû par succession de temps en passant au travers de divers cieux, se heurter & se briser presque toutes les unes les autres, ainsi que j'ay dit que font deux bateaux quand ils se rencontrent : en sorte qu'il n'y pourroit maintenant rester que les plus grosses. Il faut aussi

Chapitre IX.

remarquer que lors qu'elles paſſent d'un ciel en l'autre, elles pouſſent devant ſoy quelque quantité de la matiere de celuy d'où elles ſortent, & en demeurent enveloppées juſques à ce qu'elles ſoient entrées aſſez avant dans les limites de l'autre ciel, où étant elles s'en dégagent enfin comme tout d'un coup, & ſans y employer peut-eſtre plus de téps que fait le Soleil à ſe lever le matin ſur noſtre horiſon. De façon qu'elles ſe remuënt beaucoup plus lentement lors qu'elles tendent ainſi à ſortir de quelque ciel, qu'elles ne font un peu apres y être entrées. Comme vous voyez icy que la Comete qui prend ſon cours ſuivant la ligne C. D. Q.

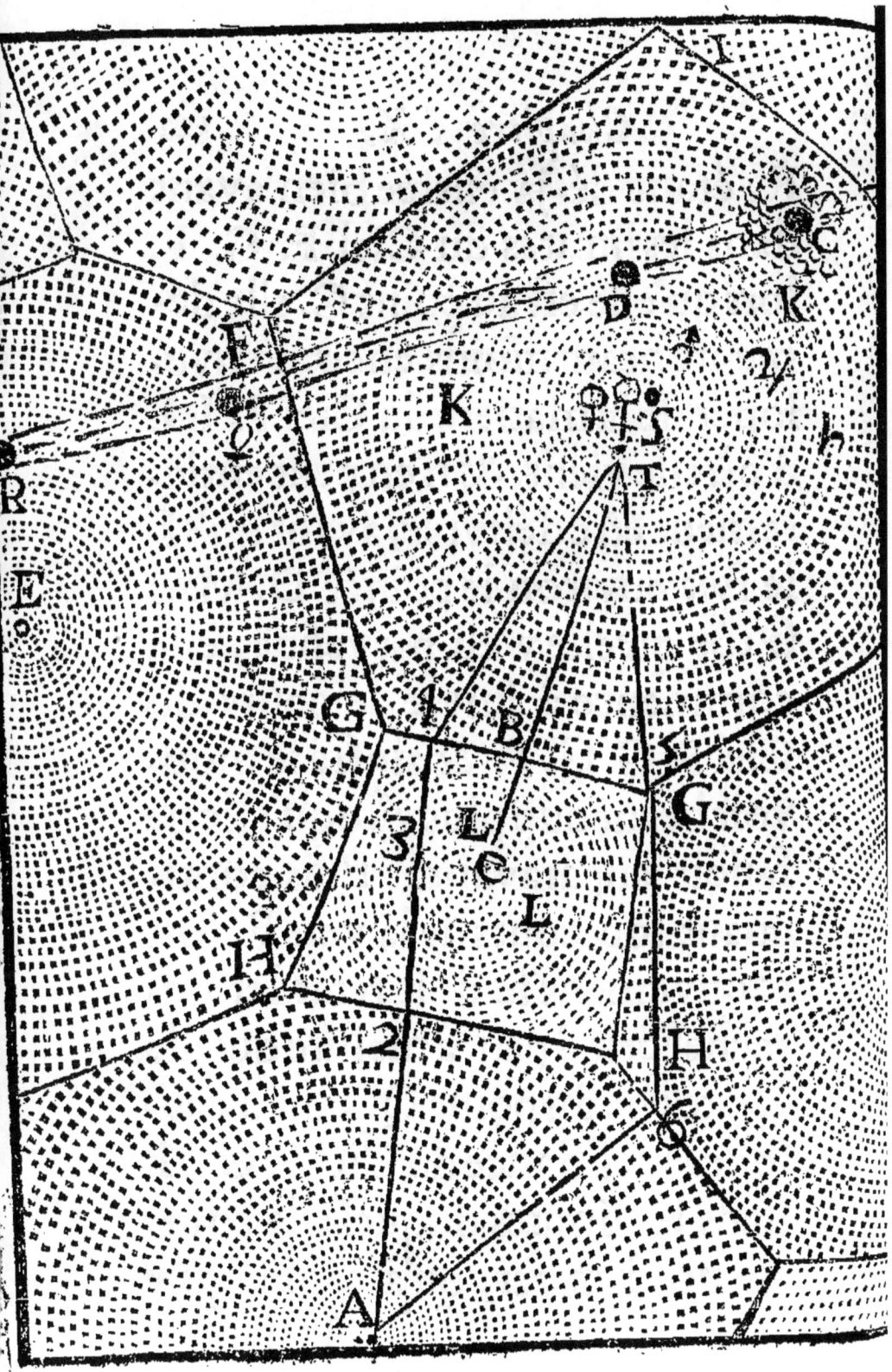

R. étant dé-ja entrée bien avant dans les limites du Ciel F. G. F. lors qu'elle est au point C. elle demeure neantmoins encoré envelopée de la matiere du Ciel F. I. I. d'où elle vient, & n'en peut entierement être délivrée, avant qu'elle soit environ le poinct D. Mais si tôt qu'elle y est parvenuë, elle commence à suivre le cours du Ciel F. G. G. F. & ainsi à se mouvoir beaucoup plus vîte qu'elle ne faisoit auparavant. Puis continuant son cours de là vers R. son mouvement se doit retarder derechef peu à peu, à mesure qu'elle approche du point Q. tant à cause de la resistance du Ciel F. G. H. dans les limites duquel elle commence à entrer, qu'à cause qu'y ayant moins de distance entre S. & D. qu'entre S. & Q. toute la matiere du Ciel qui y est, se remuë plus vîte, ainsi que nous voyons que les rivieres coulent toûjours plus promptement aux lieux où leur lict est plus étroit & reserré, qu'en ceux où il est plus large & étendu. De plus, il faut remarquer que cette Comete ne doit paroître à ceux qui habitent vers le centre du Ciel F. G. F. que pendant le temps qu'elle employe à passer depuis D. jusques à Q. ainsi que vous entendrez tantôt plus clairement, lorsque je vous auray dit ce que c'est que la Lumiere: Et par même moyen vous connoitrez que son mouvement leur doit paroître beaucoup plus vîte,

Chapitre IX.

& son corps beaucoup plus grād, & sa lumiere méme plus claire au commencement du temps qu'ils la voyent, que vers la fin. Et outre cela si vous considerez un peu curieusement en quelle sorte la lumiere qui peut venir d'elle, se doit distribuer de tous côtez dans le Ciel, vous pourrez bien aussi entendre qu'étant fort grosse, cōme nous la devons supposer, il peut paroître certains rayons autour d'elle, qui s'y étendent quelquesfois en forme de chevelure de tous côtez, & quelquesfois se ramassēt en forme de queuë d'un seul côté, selon les divers endroits où se treuvēt les yeux qui la regardent: en sorte qu'il ne luy manque pas une de toutes les particularitez qui ont esté observées jusques icy en celles qu'on a vûës dans le vray monde, du moins de celles qui doivent estre tenuës pour veritables. Car si quelques Historiens pour faire un prodige qui menace le croissant des Turcs nous racontent qu'en l'an 1450. la Lune a esté éclipsée par une Comete qui passoit au dessous, ou chose semblable : & si les Astronomes calculent mal la quantité des refractions des Cieux laquelle ils ignorent, & la vitesse du mouvement des cometes qui est incertain, leur attribuant assez de paralaxe pour être placées auprés des Planetes, ou mesme au dessous, où quelques uns les veulent tirer comme par force, nous ne sommes pas obligez de les croire.

CHAP. X.

L'explication des Planetes, principalement de la Terre & de la Lune.

IL y a tout de même touchant les Planetes plusieurs choses à remarquer, dont la premiere est qu'encore qu'elles tendent toutes vers les centres des Cieux qui les contiennent, ce n'est pas à dire pour cela qu'elles puissent jamais parvenir jusques au dedans de ces centres. Car comme j'ay déja dit icy-dessus, c'est le Soleil & les autres Estoilles fixes qui les occu-

pét ; mais afin que je vous fasse entédre distinctement en quels endroits elles s'arrestent ; Voyez par
exemple celle qui est marquée ♄.
que ie supose suivre le cours de la
matiere du ciel qui est vers le cercle K. & considerez que si cette
planete avoit tant soit peu plus
de force à continuer son mouvement en ligne droite, que n'ont
les parties du second Element qui
l'environnent, au lieu de suivre
le cercle K. elle iroit vers Y. &
ainsi s'éloigneront plus qu'elle
n'est du centre S. Puis parce que
les parties du second Element qui
l'environneroient vers Y. se remuënt plus vîte & méme sont un
peu plus petites, ou du moins ne
sont point plus grosses que celles

Chapitre X. 139

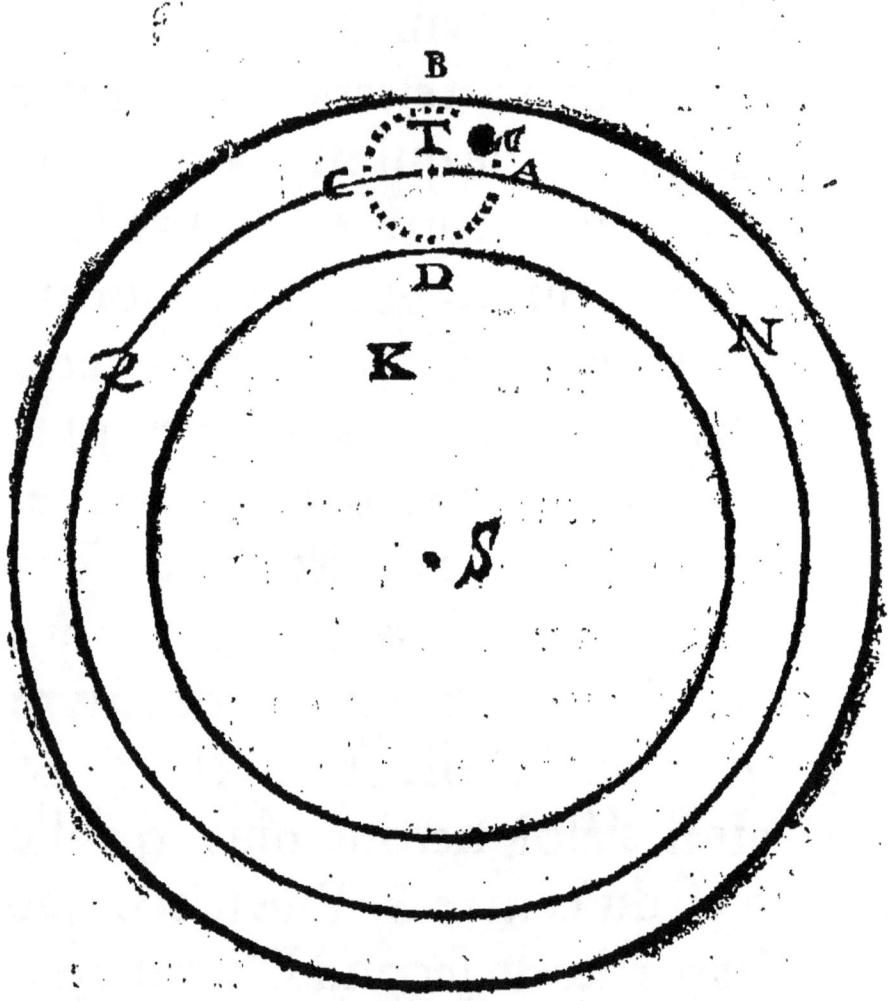

qui sont vers K. elles luy donneroient encore plus de force pour passer outre vers F. De façon qu'elle iroit iusques à la circonferance de ce ciel, sans se pouvoir arréter en aucune place qui soit entre deux. Puis de là elle passeroit facilement dans un autre ciel, & ainsi au lieu d'étre une planete, elle deviendroit une Comete. D'où vous voyez qu'il ne se peut arréter aucun astre en tout ce vaste espace qui est depuis le cercle K. jusques à la circonferance du Ciel F. G. E. par où les cometes prennent leur cours : Et outre cela, qu'il faut de necessité que les planetes n'ayent point plus de force à continuer leurs mouvemens en ligne droite que les par-

Chapitre X.

ties du second Element qui sont vers K. lors qu'elles se remuënt de mesme branle avec elles, & que tous les corps qui en ont plus, sont des cometes. Pensons donc maintenant que cette planete ♄ a moins de force que les parties du second Element qui l'environnent : en sorte que celles qui la suivent, & sont placées un peu plus bas qu'elle, puissent la détourner, & faire qu'au lieu de suivre le cercle K. elle descende vers ♃ où estant il se peut faire qu'elle se trouvera justement aussi forte que les parties du secõd Element, qui pour lors l'environneront. Dont la raison est que ces parties du second Element, étant plus agitées que celles qui sont vers K.

elles l'agiteront aussi davantage, & qu'étant avec cela plus petites, elles ne luy pourront pas tant resister: auquel cas elle demeurera justement balancée au milieu d'elles, & y prendra son cours en méme sens qu'elles font autour du Soleil, sans s'éloigner de luy plus ou moins une fois que l'autre, qu'autant qu'elles pourront aussi s'en éloigner. Mais si cette planete étant vers ♃. a encore moins de force à continuer son mouvement en ligne droite que la matiere du ciel qu'elle y trouvera, elle sera poussée par elle encore plus bas vers ♂. & ainsi de suite, jusques à ce qu'enfin elle se treuve environnée d'une matiere qui n'ait ni plus ni moins de force. Et ainsi vous voyés qu'il peut y avoir diverses planetes les unes plus & les autres moins éloignées du Soleil, telles que sont icy ♄. ♃. ♂. ⊕. ♀. ☿. & dont les plus basses & moins massives peuvent ateindre jusques à sa superficie ; mais dont les plus hautes ne passent jamais au delà du cercle K. qui bien que tres grand, à comparaison de châque planete en particulier, est neantmoins si extremement petit, à comparaison de tout le ciel F. G. F. que comme j'ay déja dit, il peut estre consideré comme son centre. Que si je ne vous ay pas encore assez fait entendre la cause, qui peut faire que les parties du ciel qui sont au delà du cercle K. étant incomparablement plus petites que les planetes, ne laissent pas d'avoir plus de force qu'elles à continuer leur mouvement en ligne droite : Considerez que cette force ne depend pas seulement de la quantité de la matiere qui est en châque corps, mais aussi de l'étenduë de sa superficie. Car encore que lors que deux corps se remuënt également vîte, si l'un contient deux fois autant de matiere que l'autre, il ait aussi deux fois autant d'agitation: ce n'est pas à dire qu'il ait pour cela deux fois autant de force à continuer de se mouvoir en ligne droite; mais il n'en aura qu'autant justement, si avec cela sa superficie est justement deux fois aussi étenduë, à cause qu'il rencontrera toûjours deux

deux fois autant d'autres corps qui luy feront resistance : Et il en aura beaucoup moins, si sa superficie est étenduë beaucoup plus de deux fois. Or vous savez que les parties du ciel sont à peu prés toutes ródes, & ainsi qu'elles ont celle de toutes les figures qui cóprend le plus de matiere sous une moindre superficie: Et qu'au contraire les planetes étant composées de petites parties qui ont des figures fort irregulieres & étenduës, ont beaucoup de superficie à raison de la quantité de leur matiere, en sorte qu'elles peuvent en avoir plus que la plûpart de ces parties du ciel, & toutesfois aussi en avoir moins, que quelques unes des plus petites, & qui sont

K

les plus proches des centres. Car il faut savoir qu'entre deux boules toutes massives, telles que sont ces parties du ciel, la plus petite a toûjours plus de superficie à raison de sa quantité, que la plus grosse, & on peut aisément confirmer cecy par experience. Car poussant une grosse boule composée de plusieurs branches d'arbres, confusément jointes & entassées l'une sur l'autre, ainsi qu'il faut imaginer que sont les parties de la matiere dont les planetes sont composées ; Il est certain qu'elle ne pourra pas continuer si loin son mouvement, encore même qu'elle fût poussée par une force entierement proportionnée à sa grosseur, comme feroit une autre boule beaucoup plus petite & composée d'un même bois, mais qui seroit toute massive ; & il est certain aussi qu'on pourroit faire de rechef une autre boule du même bois & toute massive, mais qui seroit si extremement petite, qu'elle auroit encore moins de force à continuer son mouvement, que la premiere : & enfin que cette premiere en peut avoir plus ou moins selon que les branches qui la composent, sont plus ou moins grosses & pressées. D'où vous voyez comment diverses planetes peuvent être suspenduës au dedans du cercle K. à diverses distances du Soleil, & comment ce ne sont pas simplement celles qui paroissent à l'exterieur les plus

K ij

grosses, mais celles aussi qui en leur interieur sont les plus massives & solides, qui en doivent étre les plus éloignées. Il faut remarquer apres cela que comme nous experimentons que les bateaux qui suivent le cours d'une riviere, ne se remuënt iamais si vîte que l'eau qui les entraîne, ni méme les plus grands d'entre-eux, si vîte que les moindres, ainsi encore que les planetes suivent le cours de la matiere du Ciel sans resistance & se remuënt de méme branle avec elle, ce n'est pas à dire pour cela qu'elles se remuënt jamais du tout si vîte : & mesme l'inegalité de leur mouvement doit avoir quelque raport à celle qui se treuve entre la grosseur de leur masse & la petitesse des parties du ciel qui les environnent. Dont la raison est que generalement plus un corps est gros, plus il luy est facile de communiquer vne partie de son mouvement aux autres corps, & plus il est difficile aux autres de luy communiquer quelque chose du leur : car encore que plusieurs petits corps en s'accordant tous ensemble pour agir contre un plus gros, puissent avoir autant de force que luy, toutesfois ils ne le peuvent jamais faire mouvoir si vîte en tous sens comme ils se meuvent, à cause que s'ils s'accordent en quelques uns de leurs mouvemens léquels ils luy communiquent, ils different infailliblement en d'autres en même temps, léquels ils ne luy peuvent communiquer. Or il suit deux choses de cecy, qui me semblent fort considerables. La premiere est que la matiere du Ciel ne doit pas seulement faire tourner les planetes autour du Soleil, mais autour de leur propre centre, excepté lors qu'il y a quelque cause particuliere qui les empesche : Et ensuite qu'elle doit composer de petits cieux autour d'elles, qui se remuënt en mesme sens que le plus grand. La seconde est que s'il se rencontre deux planetes inégalles en grosseur, mais disposées à prendre leur cours dans le ciel à une méme distance du Soleil, en sorte que l'une soit justement

Chapitre X.

d'autant plus massive, que l'autre sera plus grosse, la plus petite de ces deux ayant un mouvement plus vîte que la plus grosse, devra se joindre au petit ciel qui sera autour de cette plus grosse, & tournoyer continuellement avec luy

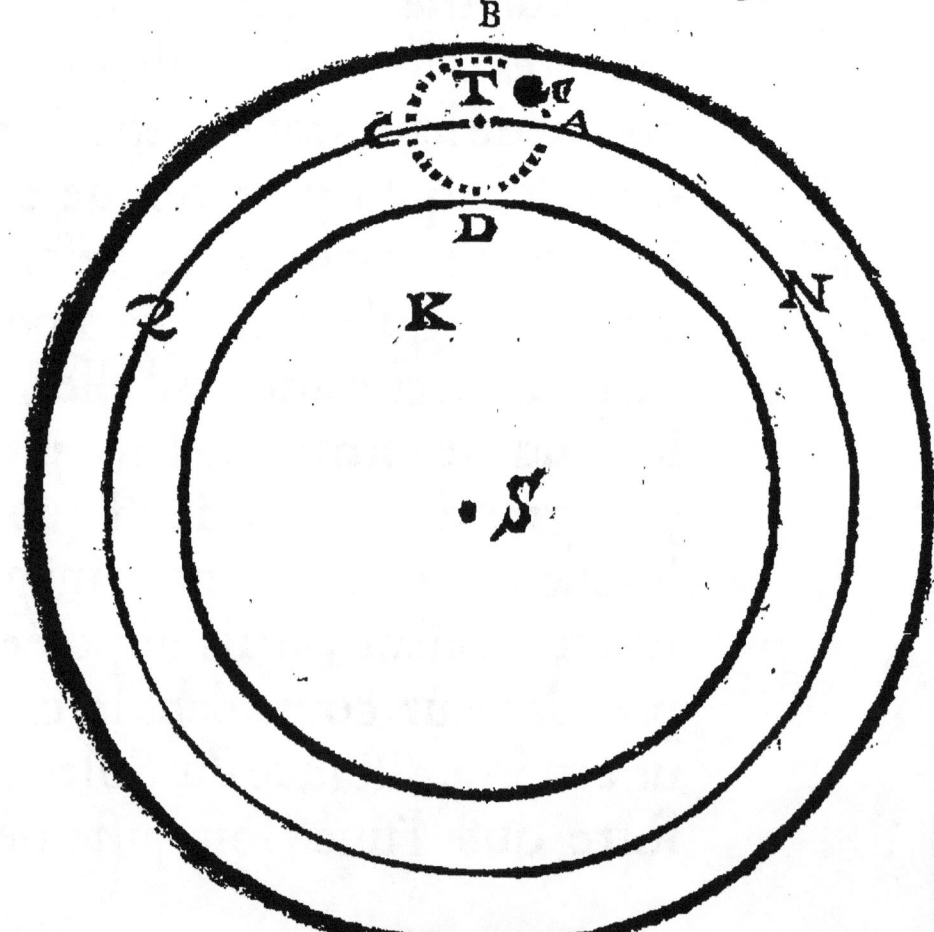

Car puisque les parties du ciel qui sont par exemple vers A. se remuënt plus vîte que la planete marquée T. qu'elles pousset vers Z. il est évident qu'elles doivent étre détournées par elle, & contraintes de prendre leur cours vers B. Ie dis vers B. plûtot que vers D. car ayant inclination à continuer leur mouvement en ligne droite, elles doivent plûtot aller vers le dehors du cercle A. C. Z. N. qu'elles décrivent, que vers S. le centre. Or passant ainsi d'A. vers B. elles obligent la planete T. de tourner avec elles autour de son centre, & reciproquement cette planete en se tournant, leur donne occasion de prendre leur cours de B. vers C. puis vers D. &

Chapitre X. 153

vers A. & ainsi de former un ciel particulier autour d'elle, avec lequel elle doit toûjours apres continuer à se mouvoir de la partie qu'on nomme l'Occident, vers celle qu'on nomme l'Orient, non seulement autour du Soleil, mais aussi autour de son propre centre. De plus sachant que la planete marquée ☾ est disposée à prendre son cours suivant le cercle N. A. C. Z. aussi bien que celle qui est marquée T. & qu'elle se doit mouvoir plus vîte qu'elle, à cause qu'elle est plus petite: Il est aisé à entédre qu'en quelque endroit du ciel qu'elle se puisse estre treuvée au commencement, elle a dû en peu de temps s'aller rendre contre la superficie exterieure du petit ciel A. B. C. D. & s'y étant une fois jointe, elle doit toûjours apres suivre son cours autour de T. avec les parties du second Element qui sont vers cette superficie. Car puisque nous supposons qu'elle auroit justemẽt autant de force que la matiere de ce ciel, à tourner suivant le cercle N. A. C. Z. si l'autre planete n'y étoit point il faut penser qu'elle en a quelque peu plus à tourner, suivant le cercle A. B. C. D. à cause qu'il est plus étroit, & par consequent qu'elle s'éloigne toûjours le plus qu'il est possible du centre T. ainsi qu'une pierre étant agitée dans une fronde tend toûjours à s'éloigner du centre du cercle qu'elle décrit, & toutesfois cette planete

Chapitre X. 155

étant vers A. n'ira pas pour cela s'écarter vers L. parce qu'elle entreroit en un endroit du ciel, dont la matiere auroit la force de la repousser vers le cercle N. A. C. Z. Et tout de méme étant vers C. elle n'ira pas décendre vers K. parce qu'elle s'y trouveroit environnée d'une matiere, qui luy dóneroit la force de remonter vers ce mesme cercle N. A. C. Z. Elle n'ira pas non plus de B. vers Z. ny beaucoup moins de D. vers N. parce qu'elle n'y pourroit aller si facilement ni si vîte que vers C. & vers A. si bien qu'elle doit demeurer comme attachée à la superficie du petit ciel A. B. C. D. & tourner continuellement avec elle autour de T. ce qui empéche qu'il ne se forme un autre petit ciel autour d'elle, qui la face tourner derechef autour de son centre. Ie n'adjouste point comment il se peut rencontrer plus grand nombre de planetes jointes ensemble, & qui prennent leurs cours l'une autour de l'autre, comme celles que les Astronomes ont observées autour de Iupiter & Saturne. Car ie n'ay pas entrepris de dire tout ; & ie n'ay parlé en particulier de ces deux, qu'afin de vous representer la terre que nous habitons, par celle qui est marquée T. & la Lune qui tourne autour d'elle, par celle qui est marquée ☾.

CHAP. XI.

Ce que c'est que la Pesanteur.

MAIS ie desire maintenant que vous consideriez quelle est la pesanteur de cette Terre, c'est à dire la force qui unit toutes ses parties, & fait qu'elles tendent vers son centre, châcune plus ou moins, selon qu'elles sont plus ou moins grosses & solides : laquelle n'est autre sinon que les parties du petit ciel qui l'environne, tournant beaucoup plus vîte que les siennes autour de son centre, tendent aussi avec plus de force à s'en éloigner & par consequent les y repousser, en quoy si vous treuvez quelques difficultez sur ce que j'ay tantôt dit que les corps les plus massifs & plus solides, tels que j'ay supposé ceux des Cometes, s'aloient rendre vers les circonferances des Cieux, & qu'il n'y avoit que ceux qui l'étoiét moins, qui fussent repoussez vers leurs centres : comme s'il devoit suivre de cela, que ce fussent seulement les parties de la Terre les moins solides qui pûssent étre poussées vers son centre, & que les autres dûssent s'en éloigner ; remarquez que lors que j'ay dit que les corps les plus solides & plus massifs tendoient à s'éloigner du centre de quelque ciel, i'ay supposé qu'ils se mouvoient déja auparavant de mesme branle que la matiere de ce ciel. Car il est certain que s'ils n'ont point encore commencé à se mouvoir, ou s'ils se meuvent que ce soit moins vîte qu'il n'est nécessaire pour suivre le cours de cette matiere, ils doivent d'abord étre chassez par elle, vers le centre autour duquel elle tourne. Et méme que d'autant qu'ils seront plus gros & plus solides, ils y seront poussez avec plus de force & de vitesse, & toutesfois cela n'empéche pas que s'ils le sont assez pour composer des Cometes, ils ne s'aillent rendre peu apres vers les circonferances exterieures des Cieux. Parce que l'agitation qu'ils

160 *Traité de la Lumiere*; auront aquife en defcendant vers quelqu'un de leurs centres, leur donnera infailliblement la force de paſſer outre & remontrer vers la circonferance. Mais afin que

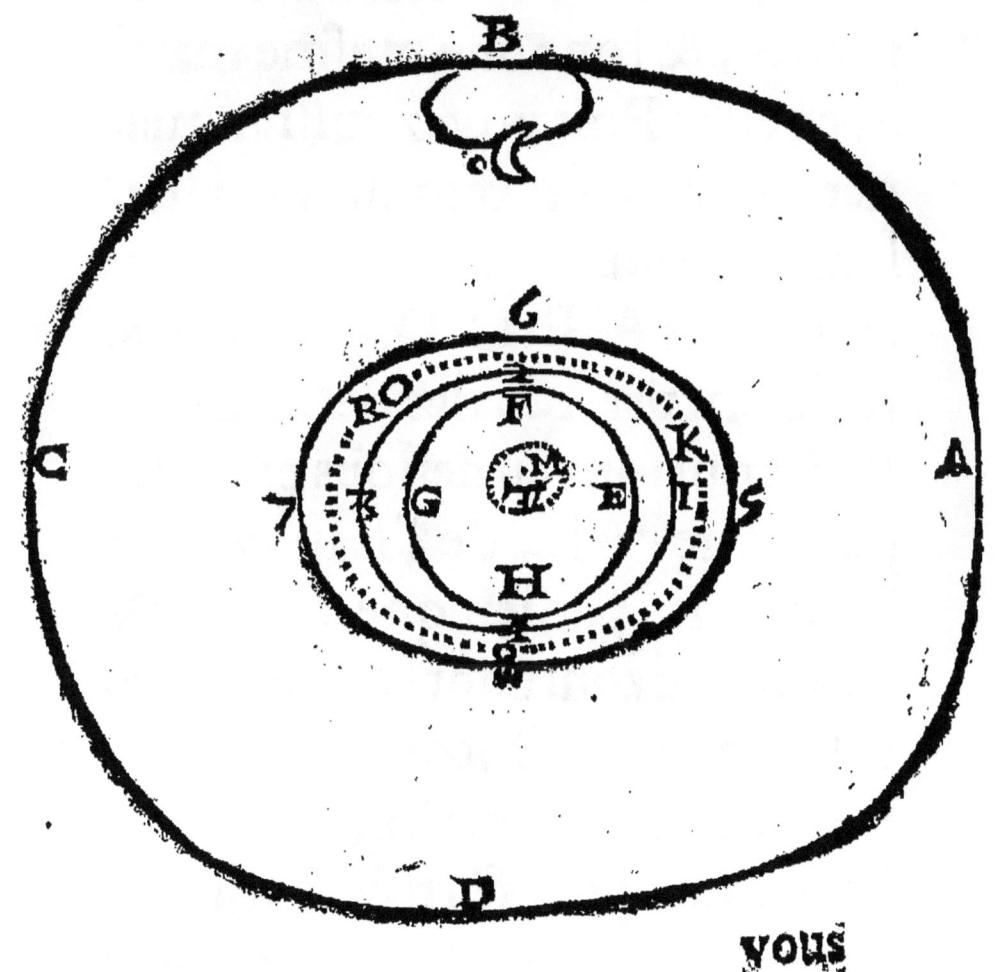

Chapitre XI.

vous entendiez cecy plus clairement, voyez la Terre E. F. G. H. avec l'eau 1. 2. 3. 4. & l'air 5. 6. 7. 8. qui comme ie vous diray aprés, ne sont composez que de quelques unes des moins solides de ses parties, & font une mesme masse avec elle. Puis voyez aussi la matiere du ciel qui remplit non seulement tout l'espace qui est entre les cercles A. B. C. D. & 5. 6. 7. 8. mais encore tous les petits intervalles qui sont au dessous entre les parties de l'Air, de l'Eau & de la Terre. Et pensez que ce ciel & cette terre tournant ensemble autour du centre T, toutes leurs parties tendent à s'en éloigner, mais beaucoup plus fort celles du ciel que celles de la Terre, à cause

L

qu'elles sont beaucoup plus agitées : & méme aussi entre celles de la Terre, les plus agitées vers le méme côté que celles du Ciel, tendent plus à s'en éloigner que les autres : en sorte que si tout l'espace qui est au delà du cercle A. B. C. D. étoit vuide, c'est à dire, n'étoit remply que d'une matiere qui ne peût resister aux actions des autres corps, ni produire aucun effet considerable : car c'est ainsi qu'il faut prendre le nom de vuide, toutes les parties du Ciel qui sont dans le cercle A. B. C. D. en sortiroient les premieres, puis celles de l'Air & de l'Eau les suivroient, & enfin aussi celles de la Terre : châcune d'autant plus promptement qu'elles se trouveroit moins atachée au reste de sa masse. En mesme façon que sort une pierre hors la fronde, en laquelle elle est agitée, si tôt qu'on luy lâche la corde : & que la poussiere qu'on peut jetter sur une piroüete pendant qu'elle tourne, s'en écarte tout aussi-tôt de tous côtez. Puis considerez que n'y ayant point ainsi aucun espace au delà du cercle A. B. C. D. qui soit vuide, ny où les parties du Ciel contenuës au dedans de ce cercle puissent aller, si ce n'est qu'au méme instant il y en entre d'autres en leur place, qui leur soiét toutes semblables : les parties de la Terre ne peuvent aussi s'éloigner plus qu'elles ne sont du centre T. si ce n'est qu'il en descende en leur place de celles du Ciel ou d'autres terrestres, tout autant qu'il en faut pour la remplir; ny reciproquement s'en approcher, qu'il n'en monte tout autant d'autres en leur place. En sorte qu'elles sont toutes opposées chacune à celles qui doivent entrer en sa place, en cas qu'elle monte, & derechef à celles qui doivent y entrer en cas qu'elle descende : ainsi que les deux côtez d'une balance le sont l'un à l'autre. C'est à dire que comme l'un des côtez de la balance ne peut se baisser ni se hausser, que l'autre ne fasse au mesme instant tout le contraire, & que toûjours le plus pesant emporte l'autre : ainsi la pierre R. par exemple est tellement oposée à la quan-

Chapitre XI.   165

tité d'air justemét égale à sa grosseur, duquel elle devroit occuper

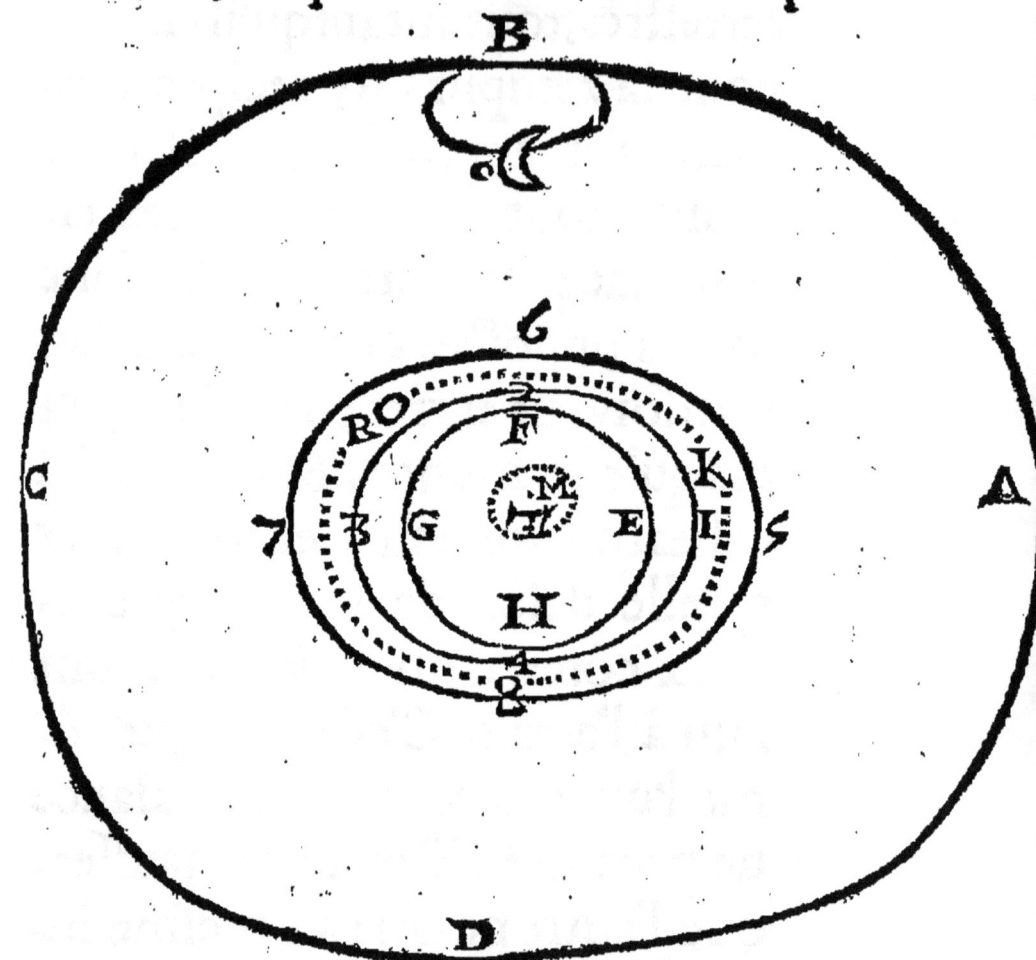

la place, en cas qu'elle s'éloignât davantage du centre T. qu'il faudroit que cét air descendit à me-
L iij

sure qu'elle môteroit; Et derechef elle est tellemét opposée à une autre pareille quâtité d'air qui est au dessous d'elle, & dont elle doit occuper la place, en cas qu'elle s'approche de ce cêtre, qu'il est besoin qu'elle descende lors qu'il monte. Or il est évident que cette pierre contenant en soy beaucoup plus de la matiere de la Terre, & en recompense en contenant d'autant moins de celle du ciel, qu'une quantité d'air d'égale étenduë, & mémes ses parties terrestres étans moins agitées par la matiere du ciel que celle de cét air, elle ne doit pas avoir la force de monter au dessus de luy; mais bien luy au contraire de la faire descendre au dessous. En sorte qu'il se treuve leger étant comparé avec elle : au lieu qu'étant comparé avec la matiere du ciel toute pure, il est pesant. Et ainsi vous voyez que châque partie des corps terrestres est pressée vers T, non point indifferemment par toute la matiere qui l'environne, mais seulement par une quantité de cette matiere justement égale à sa grosseur, qui étant au dessous peut prendre sa place en cas qu'elle descende. Ce qui est cause qu'entre les parties d'un mesme corps, qu'on nomme Homogenes, comme entre celles de l'air ou de l'eau, les plus basses ne sont point notablement plus pressées que les plus hautes, & qu'un homme étant au dessous d'une eau fort profonde, ne la sent point davantage peser sur son dos que s'il nageoit tout au dessus. Mais s'il vous semble que la matiere du ciel faisant ainsi descendre la pierre R. vers T. au dessous de l'air qui l'environne, la doit aussi faire aller vers 6. ou vers 7. c'est à dire vers l'Occidét ou vers l'Orient plus vîte que cét air, en sorte qu'elle ne descende pas tout droit & àplomb, ainsi que font les corps pesans sur la vraye Terre: Considerez, premierement que toutes les parties terrestres comprises dans le cercle 5. 6. 7. 8 étans pressées vers T. par la matiere du ciel à la façon que ie viens d'expliquer, & ayant avec cela des figures fort irregulieres & diverses, se doivent joindre & accrocher les unes aux autres, & ainsi ne composer qu'une masse qui est emportée toute entiere par le cours du ciel A.B.C.D. en telle sorte que pendant qu'elle tourne, celles de ses parties qui sont par exéple vers 6. demeurét toûjours vis à vis de celles qui sont toûjours vers 2. & vers F. sans s'en écarter notablement ni çà ni là, qu'autant que les vens ou les autres causes particulieres les y contraignent. Et de plus remarquez que ce petit ciel A.B.C.D. tourne beaucoup plus vîte que cette Terre, mais que celles de ses parties qui sont engagées dans les pores des corps terrestres, ne peuvent pas tourner notablement plus vîte que ces corps, autour du centre T. encore qu'elles se remuënt beaucoup plus vîte en divers autres sens, selon la disposition de ces pores. Puis afin que vous sachiez qu'encore que la matiere du Ciel face aprocher la pierre R. de ce centre à cause qu'elle tend avec plus de force qu'elle à s'en éloigner, elle ne doit pas tout de méme la contraindre de reculer vers l'Occident, bien qu'elle tende aussi avec plus de force qu'elle à aller vers l'Orient: considerez que cette matiere du Ciel tend à s'éloigner du centre T. pource qu'elle tend à continuer son mouvement en ligne droite, mais qu'elle ne tend de l'Occident vers l'Orient, que simplement, pource qu'elle tend

Chapitre XI.

à le continuer en sa vitesse, & qu'il luy est d'ailleurs indifferent de se treuver vers 6. ou vers 7. Or il est évident qu'elle se remuë quelque peu plus en ligne droite pendant qu'elle fait descendre la pierre R. vers T. qu'elle ne feroit en la laissant vers R. mais elle ne pourroit pas se remuer si vîte vers l'Orient, si elle la faisoit reculer vers l'Occident : que si elle la laisse en sa place, ou méme que si elle la pousse devant soy. Et toutesfois afin que vous sachiez aussi qu'encore que cette matiere du ciel ait plus de force à faire descendre cette pierre R. vers T. qu'à y faire descendre l'air qui l'environne, elle ne doit pas tout de mesmes en avoir plus à la pousser devant soy, de l'Occident vers l'Orient, ni par consequent la faire remuer plus vîte en ce sens là : considerez qu'il y a justement autant de cette matiere du ciel qui agit contre elle, pour la faire descendre vers T. & qui y employe toute sa force, qu'il en entre de celle de la terre en la coposition de son corps, & que parce qu'il y en entre beaucoup davantage, qu'en une quantité d'air de pareille étenduë, elle doit étre pressée beaucoup plus fort vers T. que n'est cét air : mais que pour la faire tourner vers l'Orient c'est toute la matiere du ciel contenuë dans ce cercle R. K. qui agist contre elle & conjoinctement contre toutes les parties terrestres de l'air, contenu en ce méme cercle. En sorte que n'y en ayant point davantage qui agisse côtre elle que contre cét air, elle ne doit point tourner plus vîte que luy en ce sens là. Et vous pouvez entendre de cecy que les raisons dont se servent plusieurs Philosophes pour refuter le mouvement de la vraye Terre, n'ont point de force contre celuy de la Terre que je vous décris. Comme lors qu'ils disent que si la Terre se mouvoit, les corps pesans ne devroient pas descendre à plomb vers son centre, mais plûtôt s'en écarter çà & là vers le Ciel : Que les canons pointez vers l'Occident, devroiét porter beaucoup plus loin qu'étant pointez vers l'Orient, & que l'on devroit toûjours sentir en l'air de grands vents & oüir de grands bruits & choses semblables, qui n'ont lieu qu'en cas qu'ó suppose qu'elle n'est pas emportée par le cours du Ciel qui l'environne, mais qu'elle y est mûe par quelque autre force, & en quelqueautre sens que ce Ciel.

CHAP. XII.

Du flux & reflux de la Mer.

OR apres vous avoir ainsi expliqué la pesanteur des parties de céte terre, qui arrive par l'action de la matiere du ciel, qui est en ses pores : Il faut aussi que je

Chapitre XII. 175

vous parle d'un certain mouvement de toute la masse qui est produit par la presence de la Lune, & de quelques particularitez qui en dependent. Voyez à cét effet la Lune par exemple vers B. où vous

B

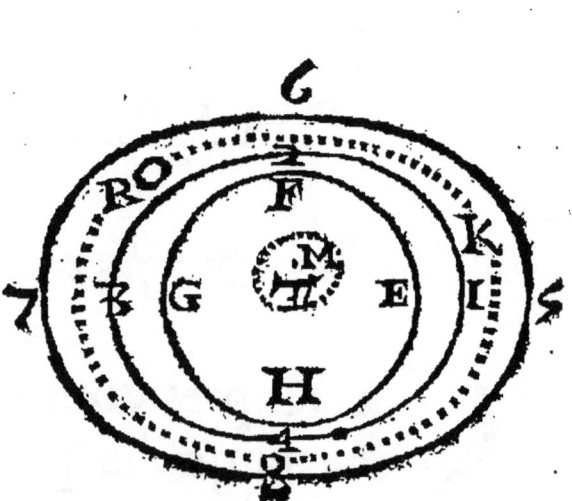

D

la pouvez ſuppoſer comme immobile, à comparaiſon de la viteſſe dont ſe remuë la matiere du Ciel qui eſt ſous elle, & conſiderez que cette matiere du Ciel ayant moins d'eſpace entre o. & 6. pour y paſſer, qu'elle n'en auroit entre B. & 6. ſi la Lune n'occupoit point l'eſpace qui eſt entre o. & B. & par conſequent ſe devant remuer un peu plus vîte, elle ne peut manquer d'avoir la force de pouſſer quelque peu toute la Terre vers D. en ſorte que ſon centre T. s'éloigne comme vous voyez du point M. qui eſt le centre du Ciel A. B. C. D. car il n'y a rien que le ſeul cours de la matiere de ce ciel qui la ſoûtienne au lieu où elle eſt. Et parce

Chapitre XII.

ce que l'air 5. 6. 7. 8. & l'eau 1. 2. 3. 4. qui environnét cette Terre,

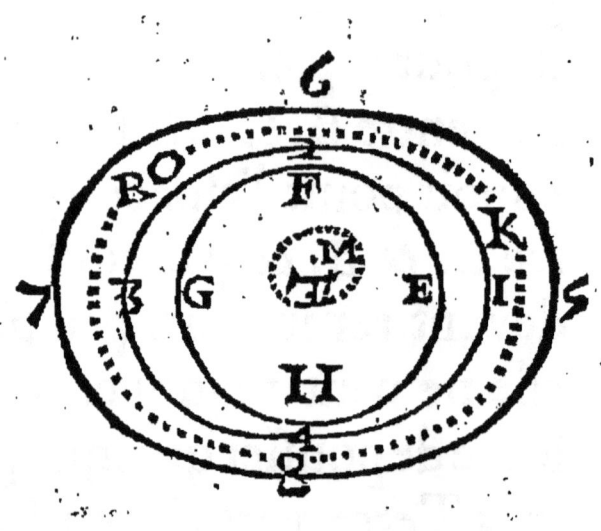

sont des corps liquides; Il est évident que la mesme force qui les presse en cette façon, les doi faire baisser vers T. non seulement du côté 6. & 2. mais aussi de son contraire 8. & 4. & en recompense les faire hausser aux endroits 5. & 1. & 7. & 3. en sorte que la superficie de la terre E. F. G. H. demeurant ronde, à cause qu'elle est dure, celle de l'eau 1. 2. 3. 4. & de l'air 5. 6. 7. 8. qui sont liquides, se forment en ovale. Puis considerez que la Terre tournant cependant autour de son centre, & par ce moyen faisant les jours qu'on peut diviser en 24. heures, comme les nostres, celuy de ses costez F. qui est maintenant vis à vis de la Lune & sur lequel pour cette cause l'eau 2. est moins haute, se doit treuver dans six heures vis à vis du ciel marqué C. où cetce eau sera plus haute, & dans 12. heures vis à vis de l'endroit du ciel où l'eau derechef sera plus basse. En sorte que la Mer qui est representée par cette eau 1. 2. 3. 4. doit avoir son flux & reflux autour de cette Terre de six en six heures, comme elle a autour de celle que nous habitons. Considerez aussi que pendant que cette terre tourne d'E. par F. vers G. c'est à dire de l'Occident par le Midy, vers l'Orient, l'enflure de l'eau & de l'air qui demeure vers 1. & 5. & 3. & 7. passe de sa partie Orientale vers l'Occidentale, y faisant un flux sans reflux, tout semblable à celuy qui selon le rapport de nos pilotes, rend la navigation beaucoup plus facile dans nos mers de l'Orient vers l'Occident, que de l'Occident vers l'Orient. Et pour ne rien oublier en cét endroit, adjoûtons que la Lune fait en châque mois le méme jour que la terre fait en châque tour, & ainsi qu'elle fait avancer peu à peu vers l'Orient les points 1. 2. 3. 4. qui marquent les plus hautes & les plus basses marées; en sorte que ces marées ne changent pas precisément de six en six heures, mais qu'elles y retardent d'environ la cinquiéme partie d'une heure à châque fois, ainsi que font aussi celles de nos mers. Considerez outre cela que le petit ciel A. B. C. D. n'est pas exactement rond, mais qu'il s'étend avec plus de liberté vers A. & vers C. & se re-

Chapitre XII.

muë à proportion plus lentement que vers B. ni vers D. où il ne peut pas si aisément rompre le cours de la matiere de l'autre ciel qui le contient. De sorte que la Lune qui demeure toûjours comme attachée à sa superficie exterieure, se doit remuer un peu plus vîte & s'écarter moins de sa route, & ensuite faire les flux & reflux de la Mer beaucoup plus grands, lors qu'elle est vers B. où elle est pleine, & vers D. où elle est nouvelle, que lors qu'elle est vers A. & vers C. où elle n'est qu'à demy-pleine, qui sont des particularitez que les Astronomes observent aussi toutes semblables en la vraye Lune, bien qu'ils n'en puissent pas si facilement rédre raisó par l'hypothe-

182   *Traité de la Lumiere,*

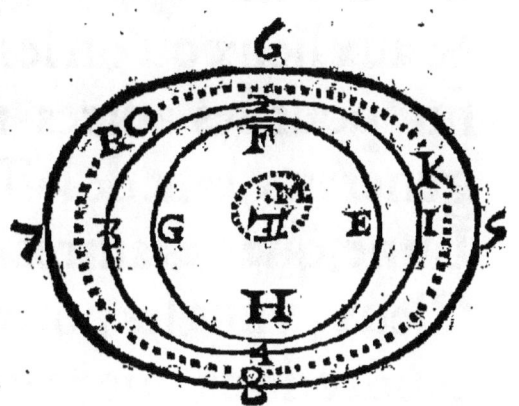

ze, dont ils se servent. Pour les autres effets de cette Lune, qui different quand elle est pleine & quand elle est nouvelle, ils dependent manifestement de sa lumie-

Chapitre XII.

re. Et pour les autres particularitez du flux & reflux, elles dependent en partie de la diverse situation des côtez de la mer, & en partie des vents qui regnét aux téps & aux lieux qu'on les observe. En fin pour les autres mouvemens generaux, tant de la Terre & de la Lune, que des autres Astres & des Cieux, vous les pouvez assez entendre de ce que j'ay dit, ou bien ils ne servent pas à mon sujet. Si bié qu'il ne me reste plus icy qu'à expliquer cette action des cieux & des astres, que j'ay tantost dit devoir être prise pour leur Lumiere.

CHAP. XIII.

Ce en quoy la Lumiere consiste.

I'Ay déja dit plusieurs fois que les corps qui tournent en rónd, tendent toûjours à s'éloigner des centres des cercles qu'ils decrivent; Mais il faut icy plus particulierement que je determine vers quels côtez tendent les parties des Cieux & des Astres. Et sachez à cét effet que lors que ie dis qu'un corps tend vers quelque côté, ie ne veux pas pour cela qu'on s'imagine qu'il ait en soy une pensée ou une volonté qui l'y porte, mais seulement qu'il est

Chapitre XIII. 185

difposé à fe mouvoir vers là, foit que véritablement il fi meuve, foit plûtôt que quelque autre corps l'en empefche: car c'eft principalement en ce dernier fens que ie me fers du mot de tendre, à caufe qu'il femble fignifier quelque effort, & que tout effort prefupofe de la refiftance. Or parce qu'il fe treuve fouvent diverfes caufes qui agiffent enfemble contre un mefme corps, & empefchent l'effet l'une de l'autre, on peut felon diverfes confiderations dire que ce corps tend vers divers côtez en méme temps. Ainfi qu'il a tantoft efté dit que les parties de la terre tendent à s'éloigner de fon centre, entant qu'elles font confiderées toutes feules, & qu'elles tendent au contraire à s'en approcher, entant que l'on considere la force des parties du ciel qui les y pousse, & derechef qu'elles tendét à s'en éloigner, si on les cósidere comme oposées à d'autres parties terrestres, qui composent des corps plus massifs qu'ils ne sont. Et ainsi la pierre qui tourne dans une fronde, suivant le cercle A. B. tend vers C. lors qu'elle est au point A. si on ne considere autre chose que son agitation toute seule, & elle tend circulairement d'A. vers B. si on ne considere que son mouvement, comme reiglé & determiné par la longueur de la corde qui la retient, & enfin la mesme tend vers E. si sans considerer la partie de son agitation,

Chapitre XIII.

dont l'effet n'est point empêché, on en oppose l'autre partie à la resistance que luy fait continuellement cette fronde, mais pour en-

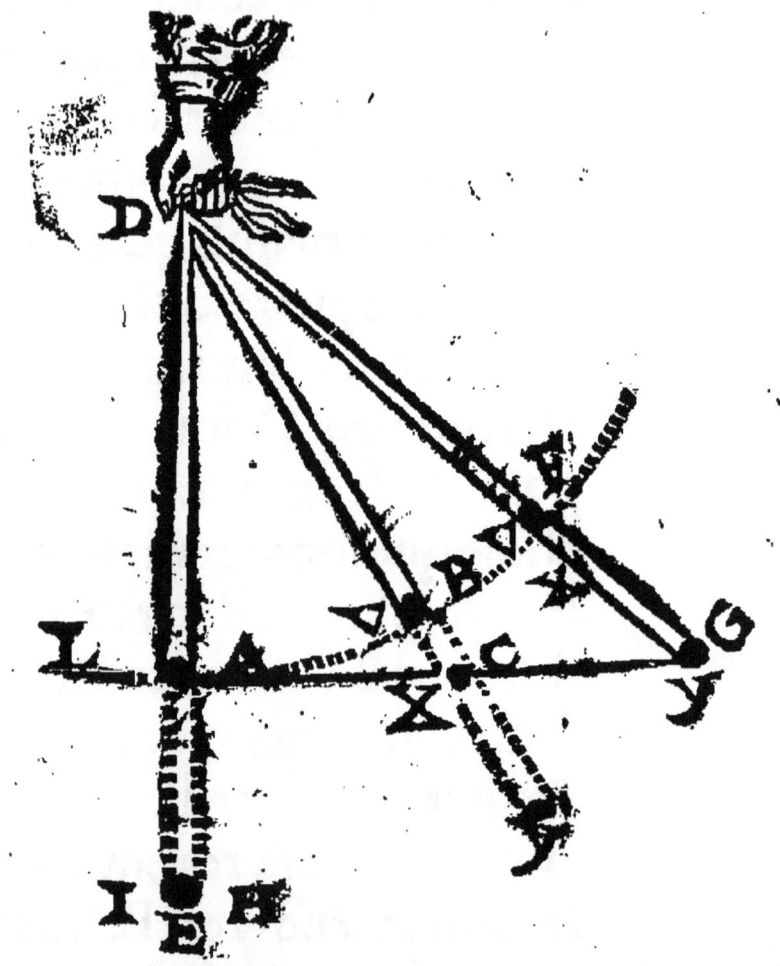

rendre distinctement ce dernier point, imaginez vous l'inclinatió

qu'a cette pierre à se mouvoir d'
A. vers C. comme si elle étoit
composée de deux autres qui
fussent, l'une de tourner suivãt le
cercle A. B. & l'autre de monter
suivant la ligne V. X. Y. & ce

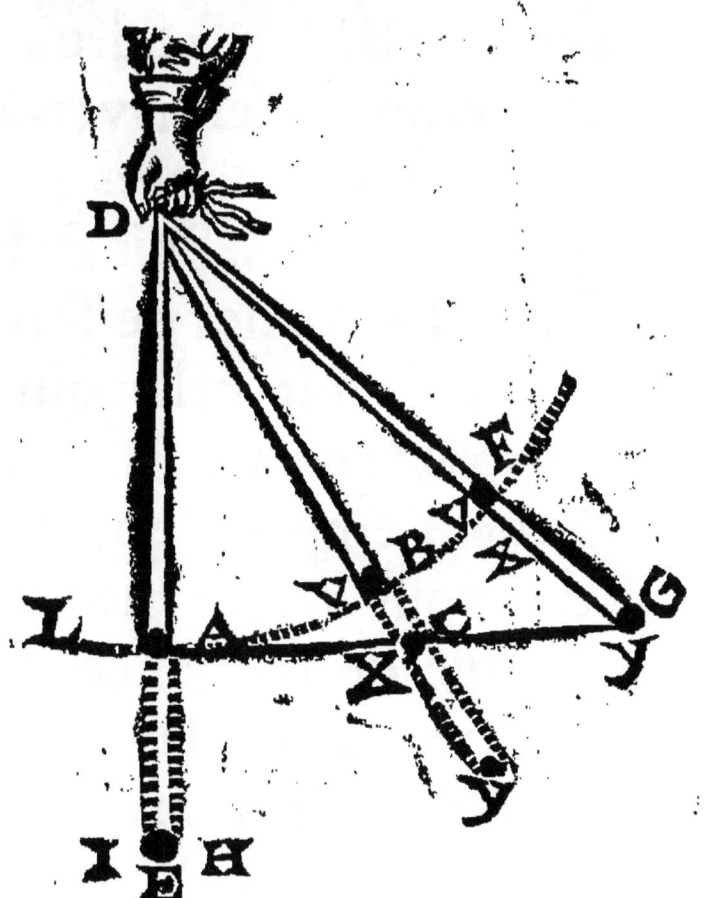

en telle proportion que se trouvant à l'endroit de la fronde marqué V. lors qu'elle est en l'endroit du cercle marqué A. elle se deust treuver apres en l'endroit marqué X. lors que la fronde seroit vers B. & à l'endroit marqué Y. lors qu'elle seroit vers F. & ainsi demeurer toûjours en la ligne droite A. C. G. Puis sachant que l'une des parties de son inclination, sçavoir celle qui la porte suivant le cercle A. B. n'est nullement empéchée par cette fronde, vous verrez bien qu'elle ne treuve de resistance que pour l'autre partie, sçavoir pour celle qui la feroit mouvoir suivant la ligne D. V. X. Y. Et par consequent qu'elle ne tend, c'est à dire ne fait effort que pour s'éloigner directement du centre D. Et remarquez que selon cette consideration étant au point A. elle tend si veritablement vers E. qu'elle n'est point du tout plus disposée à se mouvoir vers H. que vers L. bien qu'on se laissât facilement persuader le contraire, si on manquoit à considerer la difference qui est entre le mouvement qu'elle a déja, & l'inclination à se mouvoir qui luy reste. Or vous devez penser de châcune des parties du second Element qui composent les cieux, tout le même que de cette pierre, savoir que celles qui sont par exemple vers C. ne tendent de leur propre inclination que vers G. mais que

Chapitre XIII.   192

la resistance des autres parties du Ciel qui sont au dessus d'elles les fait tendre, c'est à dire les dispose à se mouvoir suivant le cercle E. F. & derechef que cette resistance opposée à l'inclinatiõ qu'elles ont de continuer leur mouvement en ligne droite, les fait tédre, c'est à dire, est cause qu'elles font effort pour se mouvoir vers M. Et ainsi ju-

geant de toutes les autres en méme sorte, vous voyez en quel sens
on peut dire qu'elles tendent vers
les lieux qui sont directement op-
posés au centre du Ciel qu'elles
composent. Mais il y a encore en
elles à côsiderer de plus qu'en une
pierre qui tourne dans une fronde, qu'elles sont continuellement
poussées, tant par toutes celles de
leurs semblables qui sont entre elles, & l'astre qui occupe le centre de leur ciel, que mesme par
la matiere de cét astre, & qu'elles ne le sont en aucune façon par
les autres. Par exemple, que
celles qui sont vers E. ne sôt point
poussées par celles qui sont vers
M. ou vers G. ou vers F. ou
vers K. ou vers H. mais seulement

Chapitre XIII.

ment par toutes celles qui sont entre les deux lignes A F. D G. & ensemble par la matiere du Soleil: Ce qui est cause qu'elles tédent non seulement vers M. mais aussi vers L. & vers N. & generalement vers tous les points où peuvent parvenir les rayons ou lignes droites qui venát de quelque partie du Soleil, pas-

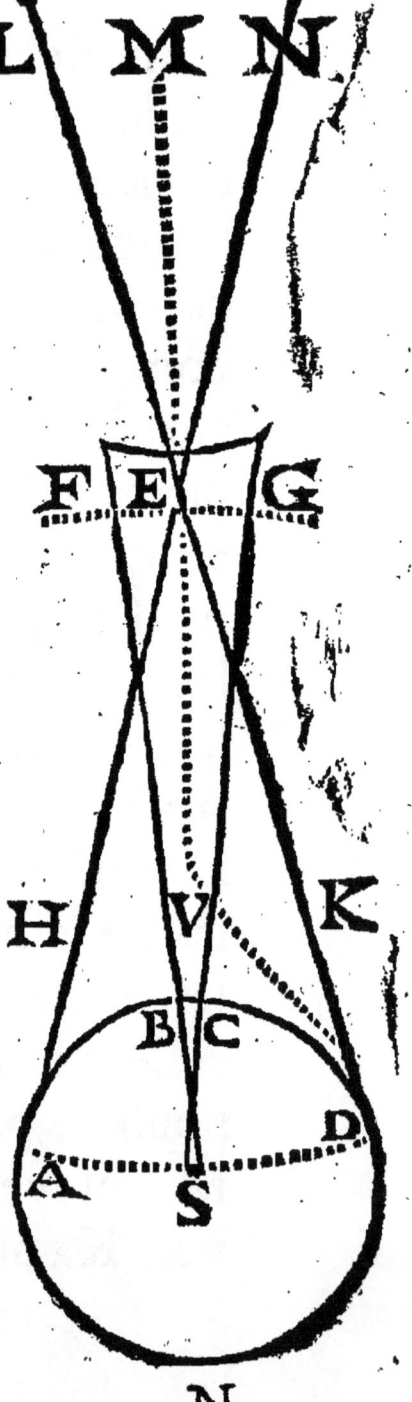

sent par le lieu où elles sont. Mais afin que l'explication de cecy soit plus facile, je desire que vous considériez les parties du second Element toutes seules, & comme si tous les espaces qui sont occupez par la matiere du premier, tant celuy où est le Soleil que les autres étoient vuides; mémes à cause qu'il n'y a point de meilleur moyé pour savoir si un corps est poussé par quelques autres, que de voir si ces autres s'avanceroiét actuellement vers le lieu où il est, pour le remplir en cas qu'il fût vuide, je desire aussi que vous imaginiez que les parties du second Element qui sont vers E. soient ostées : & cela posé, que vous regardiez en premier lieu qu'aucunes de celles

Chapitre XIII. 195
qui sont au dessus du cercle
F. E. G. comme vers M. ne
sont point disposées à remplir
leur place, parce qu'elles tendent tout au contraire à s'en éloigner. Puis aussi que celles qui sont
en ce cercle, savoir vers F.
n'y sont point non plus disposées:
car encore que veritablement elles se meuvent d'F. vers G.
suivant le cours de tout le ciel;
toutesfois pource que celles qui
sont vers G. se meuvent aussi avec pareille vitesse vers R. l'espace
E. qu'il faut imaginer mobile cóme elles, ne laisseroit pas de demeurer vuide entre G. & F. s'il
n'en venoit d'autres pour le remplir. Et en troisiéme lieu que celles qui sont au dessous de ce cer-
N ij

cle, mais qui ne font pas comprises entre les lignes A F. D G. comme celles qui font vers H. & vers K. ne tendent auſſi nullement à s'advancer vers cét eſpace E. pour le remplir ; écore que l'inclination qu'elles ont à s'éloigner du point S. les y diſpoſe en quelque ſorte : ainſi que la peſanteur d'une pierre la diſpoſe, non ſeulement à deſcendre tout droit en l'air libre, mais auſſi à rouller de travers ſur le penchant d'une mótagne, en cas qu'elle ne puiſſe deſcendre d'autre façon. Or la raiſõ qui les en empeſche, eſt que toᵁs les mouvemẽs ſe continuënt autant qu'il eſt poſſible en ligne droite: & par conſequent que lors que la nature a pluſieurs voyes pour parvenir à méme effect, elle suit toûjours infailliblement la plus courte. car si les parties du second Element qui sont par exemple vers K. s'avançoient vers E. toutes celles qui sont plus proches qu'elles du Soleil, s'avanceroient aussi au mesme instant vers le lieu qu'elles quiteroient, & ainsi l'effet de leur mouvement ne seroit autre, sinon que l'espace E. se rempliroit, & qu'il y en auroit un autre d'égale grandeur en la circonferance A. B. C. D. qui deviendroit vuide en méme temps. Mais il est manifeste que ce méme effet peut suivre beaucoup mieux, si celles qui sont entre les lignes A F. D G. s'avancent tout droit vers E. & par consequent que lors qu'il n'y a rien qui en empesche cellescy, les autres n'y tédent point du tout : non plus qu'une pierre ne tend jamais à décendre obliquement vers le centre de la terre, lors qu'elle y peut descendre en ligne droite. Enfin regardez que toutes les parties du secód Element, qui sót être les lignes A F. D G. se doi-

Chapitre XIII. 199

vent avancer ensemble vers cét espace E. pour le remplir au mesme instant, qu'elle est vuide. Car encore qu'il n'y ait que l'inclination qu'elles ont à s'éloigner du point S. qui les y porte, & que cette inclination fasse que celles qui sont entre les lignes B.F.C G. tendent plus directement vers là, que celles qui restent entre les lignes A F. B F. & D G. C G. vous verrez toutesfois que ces dernieres ne laissent pas d'étre aussi disposées que les autres à y aller, si vous prenez garde à l'effet qui doit suivre de leur mouvement, qui n'est autre sinon que comme j'ay dit tout maintenant, l'espace E. se remplisse, & qu'il y en ait un autre d'égale grandeur en la circonferance A. B. C. D. qui devienne vuide à mesme temps. Car pour le changemét de situation qui leur arrive dans les autres lieux qu'elles remplissoient auparavant, & qui en demeurent apres encore pleins : il n'est nullement considerable, parce qu'elles doivent étre supposées si égales & si pareilles en tout les unes aux autres qu'il n'importe déquelles châcun de ces lieux soit remply. Remarqués toutesfois qu'on ne doit pas conclure de cecy qu'elles soiét toutes égales, mais seulement que les mouvemens dont leur inegalité peut étre cause, n'appartiennent point à l'action dont nous parlons. Or il n'y a point de plus court moyen pour faire qu'une

Chapitre XIII.

partie de l'espace E. se remplissant, celuy par exemple qui est vers D. devienne vuide, que si toutes les parties de la matiere qui se treuvent en la ligne droite D G. ou D E. s'avancent ensemble vers E. car s'il n'y avoit que celles qui sont entre les lignes B F. C G. qui s'avançassent les premiers vers cét espace E. elles en laisseroient un autre au dessous d'elles vers V. dans lequel devroient venir celles qui sont vers D. en sorte que le même effet qui peut être produit par le mouvement de la matiere qui est en ligne droite D G. ou D E. le seroit par le mouvement de celle qui est en la ligne courbe D V E. ce qui est contraire aux lois de la nature. Mais si vous treuvez icy quelque dificulté touchant la façon que les parties du second Element qui sont entre les lignes A F. D G. se peuvent avancer toutes ensemble, vers E. sur ce qu'y ayant plus de distance entre A. & D. qu'entre F. & G. l'espace où elles doivent entrer à cét effet, est plus étroit, que celuy d'où elles doivent sortir : Considerez que l'action par laquelle elles tendent à s'éloigner du centre de leur ciel, ne les oblige point à toucher celles de leurs voisines, qui sont à pareille distance de ce centre, mais seulement à toucher celles qui en sont d'un degré plus éloignées. Ainsi que la pesanteur des petites boules 1. 2. 3. 4. 5. n'oblige

Chapitre XIII.   203

point celles qui sont marquées d'un méme chiffre à s'entretoucher, mais seulement oblige celles qui sont marquées 1. ou 10. à s'appuyer sur celles qui sōt marquées 2 ou 20. & celles-cy sur celles qui sont marquées 3. ou 30. & ainsi de suite. En sorte qu'elles ne peuvent pas seulement étre arrangées cōme vous les voyez en la septiéme figure, mais aussi comme en la huict & neufviéme * & en mille autres façons.   Puis considerez que ces parties du second élement

* Qui sont les deux qui suiuent.

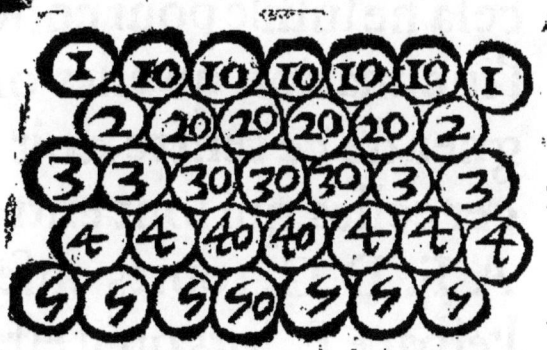

se remuant separément les unes des autres, ainsi qu'il a été dit icy-dessus qu'elles doivent faire, ne peuvent jamais être arrangées come les boules de la septiéme figure. * Et toutesfois qu'il n'y a que cette seule façon, en laquelle la dificulté proposée puisse avoir quelque lieu. Car on ne sauroit supposer si peu d'intervalle entre celles de ses parties qui sont à pareille distance du centre de leur ciel, que

* Dans la page precedente.

Chapitre XIII.   205

cela ne suffise pour concevoir que l'inclination qu'elles ont à s'éloigner de ce centre, doit faire avancer celles qui sont entre les lignes A F. D G. toutes ensemble vers l'espace E. lors qu'il est vuide, ainsi que vous voyez en la neufviéme figure, rapportée à la dixiéme,

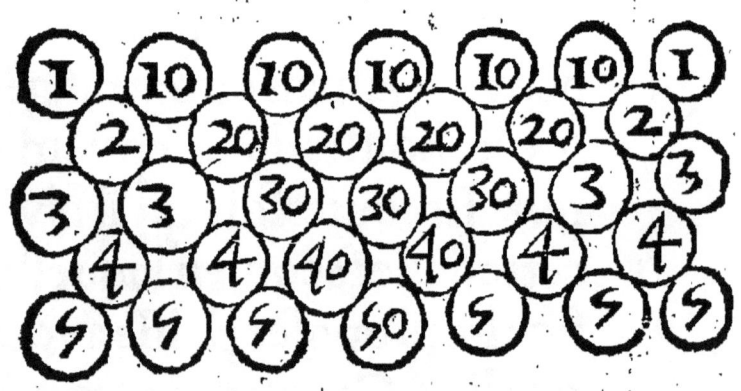

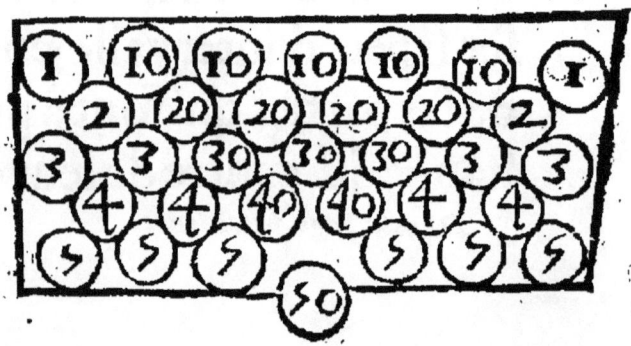

que la pesanteur des petites boules 40. 30. les doit faire descendre toutes ensemble, vers l'espace qu'occupe celle qui est marquée 50. si tôt que celle-cy en peut sortir. Et on peut icy clairement appercevoir, comment celles de ces boules qui sont marquées d'un méme chiffre, se rangent en un espace plus étroit que n'est celuy d'où elles sortent, savoir en s'approchant l'une de l'autre. On peut aussi appercevoir que les deux marquées 40. doivent descendre un peu plus vîte, & s'approcher à proportion un peu plus l'une de l'autre, que les trois marquées 30. & ces trois, que les quatre marquées 20. & ainsi des autres. En suite dequoy vous me direz peut-

Chapitre XIII. 207

être, que comme il paroist en la

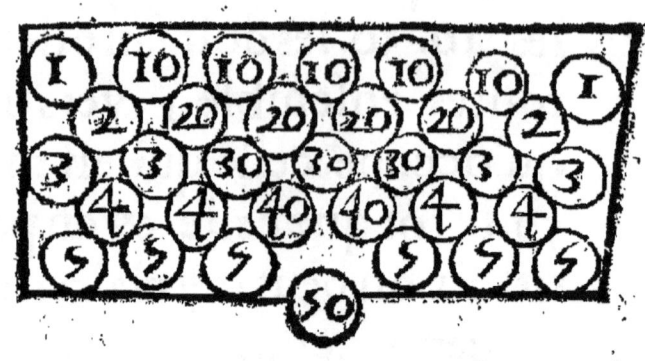

dixiéme figure, que les deux boules 40. 40. apres être tant soit peu descenduës viennent à s'entre-toucher : ce qui est cause qu'elles s'arrestent, sans pouvoir descédre plus bas : Tout de même les parties du second Element qui se doivent avancer vers E. s'arréteront avant que d'avoir achevé de remplir tout l'espace que nous y avós supposé. Mais je répons qu'élles ne peuvent si peu s'avancer vers là, que ce ne soit assez pour prouver parfaitement ce que j'ay dit : savoir que tout l'espace qui y est, étant déja plein de quelque corps quel qu'il puisse étre, elles pressent continuellement ce corps & font effort contre luy, comme pour le chasser hors de sa place. Puis outre cela, je répons que leurs autres mouvemens qui continuënt pendant qu'elles s'avancent ainsi vers E. ne leur permettant pas de demeurer un seul moment arrangées en méme sorte, les empéchét de s'entretoucher, ou bien font qu'apres s'étre touchées, elles se separent incontinent derechef, & ainsi ne laissent pas pour cela de s'avancer sans interruption vers l'espace E. jusques à ce qu'il soit tout

tout remply. De sorte qu'on ne peut conclure de cecy autre chose, sinon que la force dont elles tendent vers E. est peut être côme tremblante, & se redouble & se relache à diverses petites secousses selon qu'elles changent de situation, ce qui semble être une proprieté fort côvenable à la lumiere. Or si vous avez entendu tout cecy suffisamment en supposant les espaces E. & S. & tous les petits angles qui sont entre les parties du ciel, comme vuides : vous l'entendrez encore mieux, en les supposant être remplis de la matiere du premier Element. Car les parties de ce premier Element qui se trouvent en l'espace E. ne peuvent empécher que celles du second qui sont entre les lignes A F. D G. ne s'avancent pour les remplir, tout de même que s'il étoit vuide, à cause qu'étant extremement subtiles, & extremement agitées, elles sont toûjours aussi prêtes à sortir des lieux où elles se treuvent, que puisse être aucun autre corps à y entrer. Et pour cette même raison, celles qui occupent les petits angles qui sont entre les parties du ciel, cedent leur place sans resistance à celles qui viennent de cét espace E. & se vont rendre vers le point S. Ie dis plûtot vers S. que vers aucun lieu, à cause que les autres corps qui étans plus vnis & plus gros ont plus de force, tendent tous à s'en éloigner. Mêmes

Chapitre XI.

il faut remarquer qu'elles paſſent d'E. vers S. entre les parties du ſecond Element qui vont d'S. vers E. ſans s'empécher les unes les autres. Ainſi que l'air qui eſt emfermé dans l'Hhorloge X. Y. Z. monte de Z. vers X. au travers du ſable Y. qui ne laiſſe pas pour cela de décendre cependant vers Z. Enfin les parties de ce premier Element qui ſe treuvent en l'eſpace A. B. C. D. où elles compoſent le corps du Soleil y tournant en rond fort promptement autour du point S. tendent à s'en éloigner de tous côtez en ligne droite, suivant ce que je viens d'expliquer, & par ce moyen toutes celles qui sont en la ligne S. D. pouffent enfemble la partie du fecond Element qui eſt au point D. & toutes celles qui font en la ligne S. A. pouſſent celle qui eſt au point A. & ainſi des autres. En telle façon que cela ſeul ſuffiroit pour faire que toutes celles de ces parties du second Element, qui sont entre les lignes A F. D G. s'avançassent vers l'espace E. encore qu'elles n'y eussent aucune inclination d'elles mêmes. Au reste puis qu'elles doivent aussi s'avancer vers cét espace E. lors qu'il n'est occupé que par la matiere du premier Element : Il est certain qu'elles tendent aussi a y aller, encore même qu'il soit remply de quelque autre corps : & par consequent qu'elles font effort côtre ce corps comme pour le chasser hors de sa place. En sorte que si c'est l'œil d'un homme qui soit au point E. il sera poussé actuellement, tant par le Soleil que par toute la matiere du ciel qui est entre les lignes

A F. D G. Et il faut savoir que les hommes de ce nouveau monde, seront de telle nature, que lors que leurs yeux seront poussez en cette façon, ils auront un sentiment tout semblable à celuy que nous avons de la lumiere, ainsi que ie diray apres plus amplement.

CHAP. XIV.

Les proprietez de la Lumiere.

MAIS je me veux arrêter encore un peu en cét endroit, à expliquer les proprietez de l'action dont les yeux peuvent

Chapitre XIV.

ainsi étre poussez. Car elles se raportent toutes si parfaitement à celles que nous remarquons en la Lumiere, que lors que vous les aurez considerées, je m'assure que vous avoüerez comme moy, qu'il n'est point besoin d'imaginer, dans les astres ni dans les cieux d'autres qualitez, que céte action qui s'appele du nom de Lumiere. Les principales de ses proprietez sont 1. qu'elle s'étend en rond de tous côtez, autour des corps qu'on nomme lumineux 2. Et à toute sorte de distance 3. Et en un instant 4. Pour l'ordinaire en ligne droite, qui doivent étre prises pour les rayons de la Lumiere 5. Et que plusieurs de ces rayons venans de divers points peuvét s'asembler en un méme. 6. Où venãt d'un méme s'aller rendre en divers, 7. Où venant de divers & allans vers divers, paſſer par un méme ; ſans s'empécher les uns les autres 8. Et qu'ils peuvent auſſi quelquefois s'empécher, ſavoir quand leur force eſt fort inégale 9. Et qu'enfin, qu'ils peuvent étre détournées par reflexion 10. ou refraction 11. Et leur force augmentée 12. ou diminuée par les diverſes diſpoſitions, ou qualitez de la matiere qui les reçoit. I. Que cette action ſe doive étendre de tous côtez autour des corps lumineux: La raiſon en eſt évidente, à cauſe que c'eſt du mouvement circulaire de leurs parties qu'elle procede. 2. Il eſt évident auſſi qu'elle peut s'étendre à toute sorte de distance. Car par exemple supposant que les parties du ciel qui se treuvent entre A. F & D G. sont déja d'elles mémes disposées à s'avancer vers E. comme nous avons dit qu'elles sont, on ne peut douter que la force dont le Soleil pousse celles qui sont vers A. B. C. D. ne se doivent aussi étendre jusques à E. encore méme qu'il y eut plus de distance de l'une à l'autre, qu'il n'y en a depuis les plus hautes Etoiles du Firmament, jusques à nous. 3. Sachant que les parties du second élement qui sont entre A. F & D G. se touchent & pressent toutes l'une l'autre autant qu'il est possible: On ne peut aussi douter que l'a-

ction dont les premieres sõt pouſ-
ſées ne doive paſſer en un inſtant, juſques aux dernieres: tout
de méme que celle dont on pouſſe l'un des bouts d'un bâton, paſſe juſques à l'autre bout au méme
inſtant: ou plûtôt, afin que vous
ne faſſiez point de difficulté ſur ce
que ces parties ne ſont point attachées l'une à l'autre ainſi que ſont
celles d'un bâton ; tout de méme
qu'en la neufviéme figure la petite boule marquée 50. décendant

Chapitre XIV.

vers 6. les autres marquées 10. décendent aussi vers là au même instant : 4. Quant à ce qui est des lignes suivant léquelles se communique cette action, & qui sont proprement les rayons de la Lumiere : il faut remarquer qu'elles different des parties du second Elemēt, par l'entremise déquelles cette méme action se communique, & qu'elle ne sont rien de materiel dans le milieu par où elles passent, mais qu'elles designent seulement, en quel sens le corps lumineux agit contre celuy qu'il illumine : & ainsi qu'on ne doit pas laisser de les concevoir exactement droites, encore que les parties du second Element qui servent à transmettre la Lumiere, ne puissent presque jamais être si directement posées l'une sur l'autre, qu'elles cóposent des lignes toutes droites. Tout de même qu vous pouvez aisement concevoe que la main A. pousse le corps E. suivant la ligne droite A E. encore qu'elle ne le pousse que par l'entremise du bâton B C D. qui est tortuë. Et tout de même que la boule marquée 1. pousse celle qui est marquée 7. par l'entremise des deux marquées 5. 5. aussi directement que par l'entremise des autres 2. 3. 4. 6. Vous pouvez aisement aussi concevoir. 5. 6. comment plusieurs de ces rayons ve-

Chapitre XIV. 221

nans de divers points s'assemblent en un méme, où venant d'un méme se vont rendre en divers, sans s'empécher ni dépendre les uns des autres. Comme en la sixiéme figure * les rayons qui viennent des points A. B. C. D. s'assemblent au point E. & plusieurs qui viennent du seul point D. s'étendent l'un vers E. l'autre vers K. & ainsi vers une infinité d'autres lieux. Tout de méme que les forces dont on tire les cordes 1. 2. 3. 4. 5. s'assemblent toutes en la poulie 15. & que la resistance de cette poulie s'étend jusques à

*. *Voyez cette figure peu apres dans la page 223.*

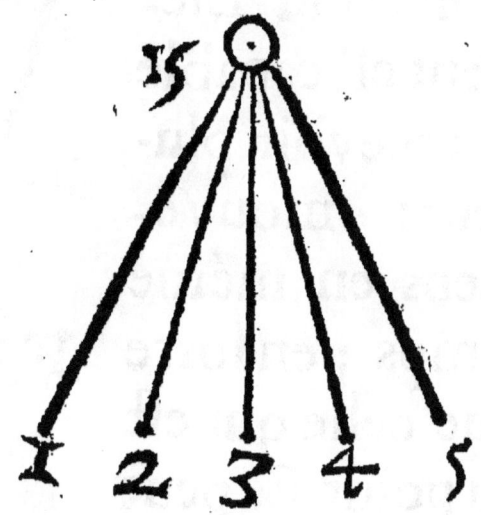

toutes les diverses mains qui tirent ces cordes. 7. Mais pour concevoir comment plusieurs de ces rayons venant de divers points, & allans vers divers, peuvent passer par un méme, sans s'empécher, comme en cette sixiême figure, les deux A N. & D L. passent par le point E. il faut con-

Chapitre XIV.

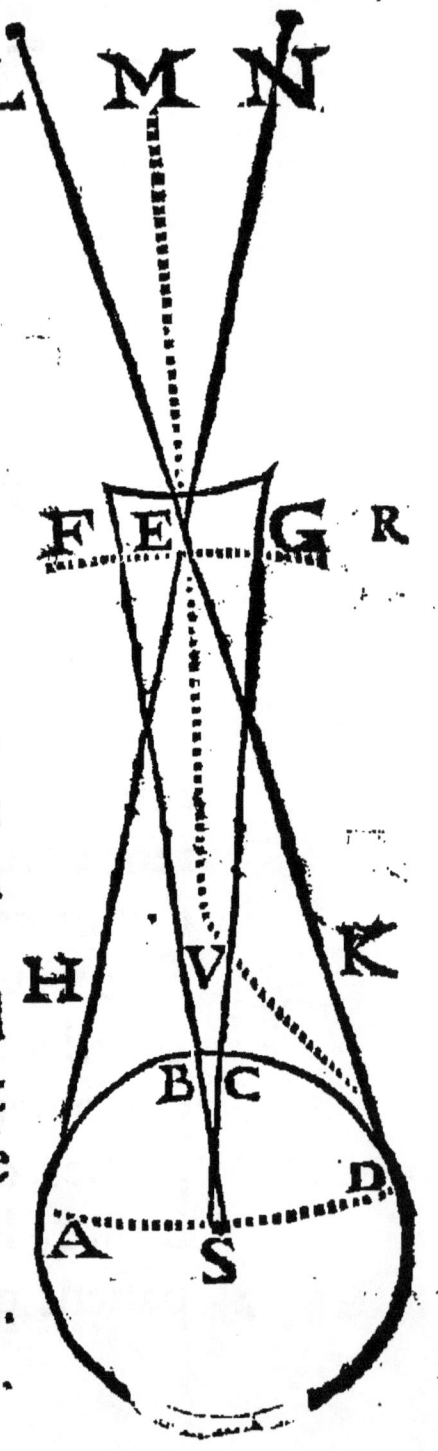

siderer que châcune des parties du second Element est capable de recevoir plusieurs mouvemens en même temps : en sorte que celle qui est au point E. peut tout ensemble être poussée vers L. par l'action qui vient de l'endroit du Soleil marqué D. & vers N. par celle qui vient de l'endroit marqué A. Ce que vous en-

224 *Traité de la Lumiere,*
tendrez encore mieux, si vous regardez, qu'on peut pousser l'air en même temps d'F. vers G. d'H.

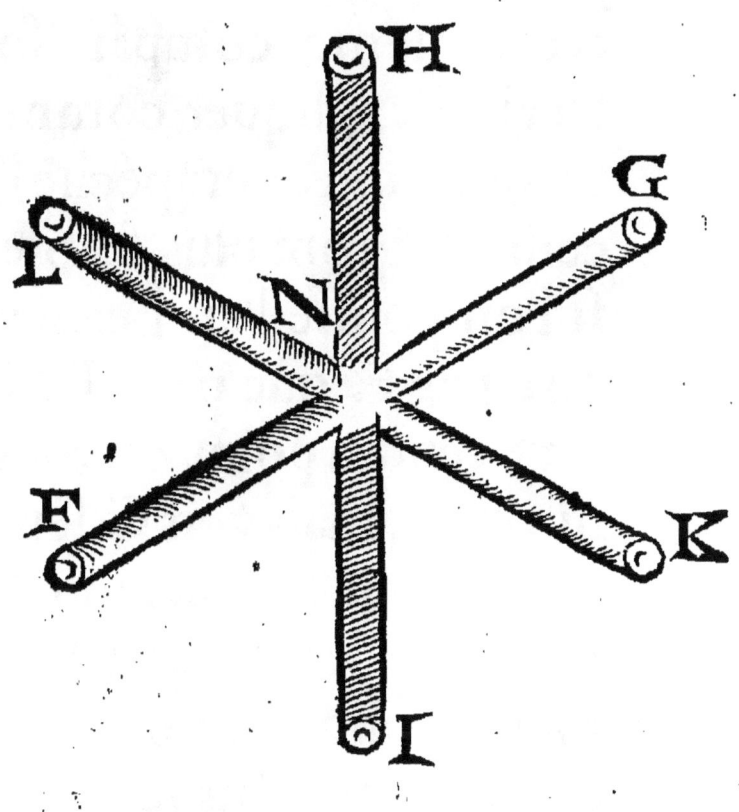

vers I. & de K. vers L. par les trois tuyaux F G. H I. K L. bien que ces

ces tuyaux soient tellement unis au point N. que tout l'air qui passe par le milieu de chacun d'eux, doit necessairement passer aussi par le milieu des deux autres. 8. Et cette méme comparaison peut servir à expliquer comment une forte Lumiere empéche l'effet de celles qui sont plus foibles. Car si l'on pousse l'air beaucoup plus fort par F. que par H. ni par K. il ne tendra point du tout vers I. ni vers L. mais vers G. seulement. 9. 10. pour la reflexion & refraction, ie les ay ailleurs suffisamment expliquées: toutesfois pource que ie me suis servy pour lors de l'exemple du mouvement d'une bale, au lieu de parler des Rayons de la Lumiere : afin de ren-

P

dre par ce moyen mon discours plus intelligible, il me reste encore icy à vous faire considerer, que l'action ou l'inclination à se mouvoir, qui est transmise d'un lieu en un autre par le moyé de plusieurs corps qui s'entretouchent & se treuvent sans interuption en tout l'espace qui est entre deux, suit exactement la méme voye par où elle pourroit faire mouvoir le premier de ces corps, si les autres n'étoient point en son chemin, sans qu'il y ait aucune differance, sinó qu'il faudroit du temps à ce corps pour se mouvoir, au lieu que l'action qui est en luy peut par l'entremise de ceux qui le touchent, s'étendre jusques à toutes sortes de distances en un instant : & par

Chapitre XIV.

consequent que comme une bale se reflechit quand elle donne contre la paroy d'un jeu de paume, & qu'elle souffre refraction quand elle entre obliquement dans de l'eau où quelle en sort : ainsi quand les rayons de la Lumiere rencontrent un corps qui ne leur permet pas de passer outre, ils doivent se reflechir, & quand ils entrent obliquement en quelque lieu par où ils se peuvent étendre plus ou moins aisément, que par celuy d'où ils sortent, ils doivent aussi en ce changement se détourner & souffrir refraction, 11. 12. Enfin la force de la Lumie- est non seulement plus ou moins grāde en châque lieu selō la quātité des rayons qui s'y assemblent, mais elle peut auſſi étre augmentée & diminuée par les diverſes diſpoſitions des corps, qui ſe treuvent aux lieux par où elle paſſe: ainſi que la viteſſe d'une bale ou d'une pierre qu'on pouſſe dans l'air, peut étre augmentée par les vents qui ſoufflent vers le méme côté qu'elle ſe remuë, & diminué par leurs contraires.

CHAP. XV.
& dernier.

La façon dont le Soleil & les Aſtres agiſſent contre nos yeux.

Ayant ainſi expliqué la nature & la proprieté de l'action, que j'ay prise pour la lumiere : Il faut aussi que j'explique comme par son moyen les habitans de la planete que j'ay suposée pour la Terre, peuvent voir la face de leur Ciel toute semblable à celle du nôtre. Premierement il n'y a point de doute qu'ils ne doivent voir le corps marqué S. tout plein de lumiere & semblable à nôtre Soleil : veu que ce corps envoye des rayons, de tous les poins de sa superficie vers leurs yeux. Et parce qu'il est beaucoup plus proche d'eux que les Etoiles, il leur doit paroître beaucoup plus grãd. Il est vray que les parties du petit ciel A. B. C. D. qui tourne autour de la terre, font quelque resistance à ces rayons, mais pour

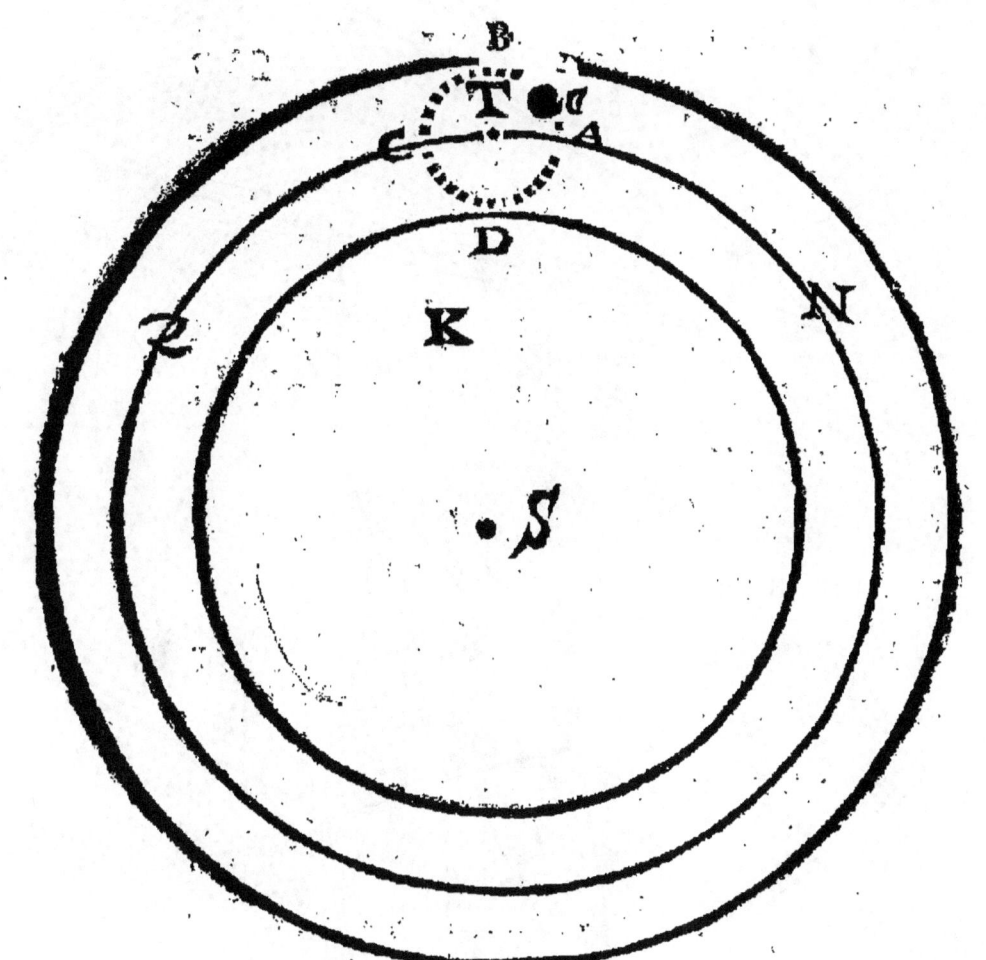

ce que toutes celles du grand Ciel qui sont depuis S. jusques à D. les fortifient, celles qui sont depuis D. jusques à T. n'étant à comparaison qu'en petit nombre, ne leur peuvent ôter que peu de leur force: & même toute l'action des parties du grand Ciel F. G. G. F. ne suf-

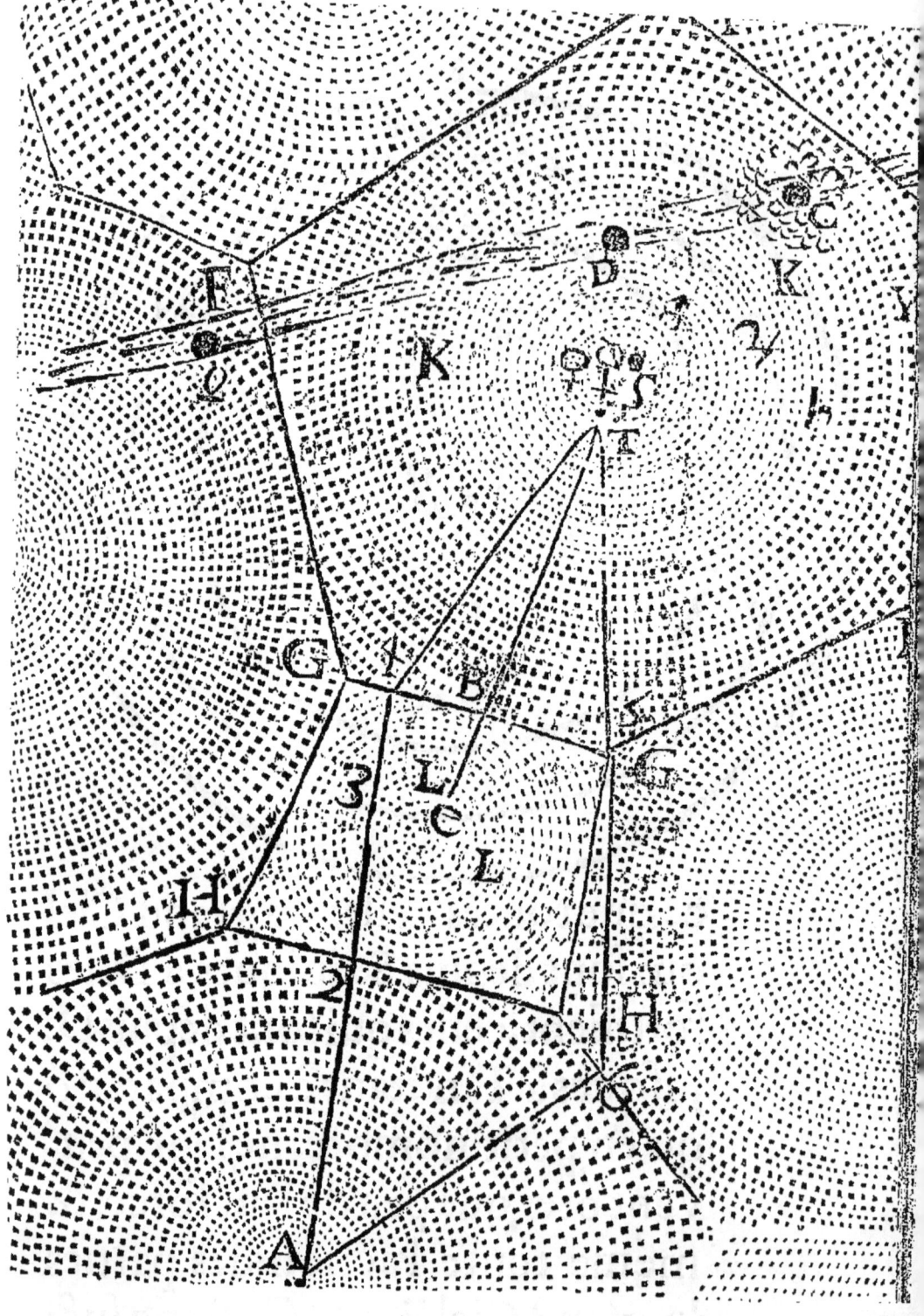

fit pas pour empécher que les rayons de plusieurs Etoiles fixes ne parviennent jusques à la terre, du côté qu'elle n'est point éclairée par le Soleil. Car il faut savoir que les grands Cieux, c'est à dire ceux qui ont une Estoile fixe ou le Soleil pour leur centre, quoy que peut estre assez inégaux en grandeur doivent étre toûjours exactement d'égale force : en sorte que toute la matiere qui est par exemple en la ligne S B. doit tendre aussi fort vers E. que celle qui est en la ligne, eB. tend vers S. Car s'ils n'avoient entr'eux cette égalité, ils se détruiroient infailliblement dans peu de temps, où du moins se changeroient jusques à ce qu'ils l'eussent aquise. Or puis que toute la force du rayon S B. par exemple, n'est que justement égale à celle du rayon e B. il est manifeste que celle du rayon T B. qui est moindre, ne peut empécher cette autre e B. de s'étendre jusques à T. Et tout de même que l'Etoile A. peut étendre ses rayons jusques à la terre T. parce que la matiere du Ciel qui est depuis A. jusques à 2. leur ayde plus que celle qui est depuis 4 jusques à T. ne leur resiste : & avec cela que celle qui est depuis 3. jusques à 4. ne leur ayde pas moins, que leur resiste celle qui est depuis 3. iusques à 2. & ainsi jugeant des autres à proportion, vous pouvez entendre que ces Etoiles ne doivent pas paroître moins confusément arrangées, ni moindres en nombre, ni moins inégales entre elles, que font celles que nous voyons dans le vray monde. Mais il faut encore, que vous consideriez touchant leur arrangement, qu'elles ne peuvent quasi jamais paroître dans le vray lieu où elles sont. Car par exemple, celle qui est marquée, e. paroit comme si elle étoit en la ligne droite T B. & l'autre marquée A. comme en la ligne T 4. dont la raison est, que les Cieux étans inégaux en grandeur, les superficies qui les separent ne se treuvent quasi jamais tellement disposées, que les rayons qui passent au travers pour aller de ces Etoiles vers la Terre, les rencontrent à angles droits. Et lorsqu'ils les rencontrent obliquement il est certain, suivant ce qui a esté demontré en la Dioptrique, qu'ils doivent s'y courber, & souffrir beaucoup de refraction, parce qu'ils passent beaucoup plus aisément par l'un des côtez de cette superficie, que par l'autre. Et il faut supposer ces lignes T B. T 4. & semblables si extremement longues à comparaison du diametre du cercle que la Terre décrit autour du Soleil, qu'en quelque endroit de ce cercle qu'elle se treuve, les hommes qu'elles soûtiennent, voyent toûjours les Etoiles comme fixes & attachées aux mesmes endroits du Firmament, c'est à

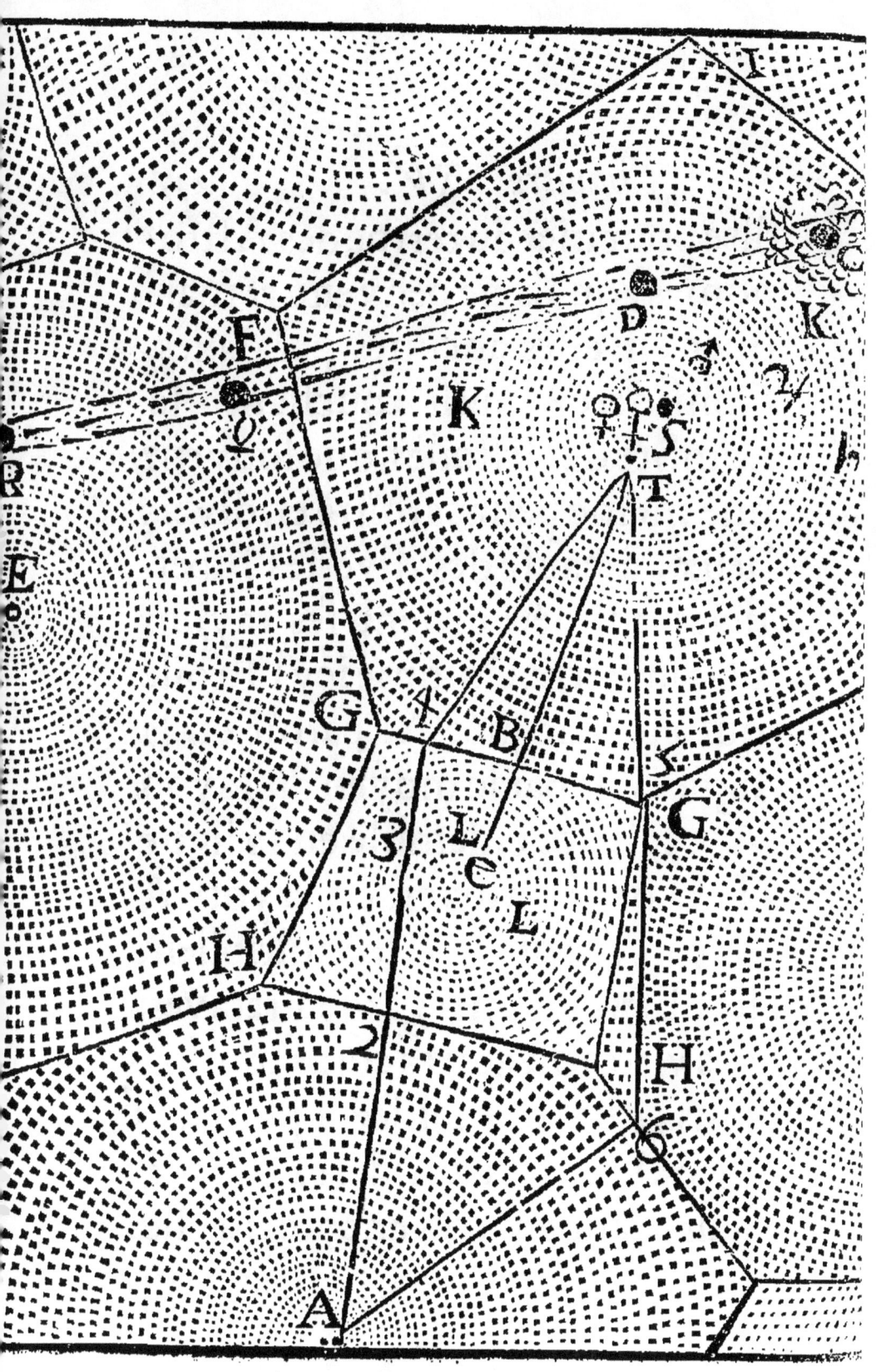

dire pour user du terme des Astronomes, qu'ils ne peuvent remarquer en elles aucunes paralaxes. Considerez aussi touchant le nombre des Estoiles, que souvent une même peut paroître en divers lieux, à cause des diverses superficies qui détournent ses rayons vers la Terre. Comme icy l'Etoile qui est marquée A. paroît en la ligne T 4. par le moyen du rayon A 2 4 T. & ensemble en la ligne T 5. par le moyen du rayon A 6 5 T. ainsi que se multiplient les objets qu'on regarde au travers des vitres ou autres corps transparans, qui sont taillez à plusieurs faces. De plus considerez touchāt leur grandeur, qu'encore qu'elles doivent paroître beaucoup moindres qu'elles ne font à cause de leur extreme éloignement, & méme qu'il y en ait la plus grand part, qui pour cette cause ne doivent paroître en aucune façon, & d'autres qui ne paroissent qu'entant que les rayons de plusieurs joints ensemble, rendent les parties du Firmament par où ils passent un peu plus blanches, & semblables à certaines Etoiles que les Astronomes appellent Nubileuses, ou à cette grande ceinture de nôtre Ciel, que les Poëtes feignent étre blanchie du lait de Junon : toutesfois pour celles qui sont le moins éloignées, il n'est besoin de les suposer qu'environ égales à nôtre Soleil, pour juger qu'elles peuvent paroître aussi grandes, que font les plus grandes de nôtre Monde. Car outre que generalement tous les corps qui envoyent de plus forts rayons contre les yeux des regardans, que ne font ceux qui les environnent, paroissent aussi plus grands qu'eux à proportion, & par consequent que ces Etoiles doivent toujours sembler plus grandes que les parties de leurs Cieux égales à elles, ainsi que j'expliqueray apres, les superficies F G H. I I. & semblables où se font les refractiós de leurs rayons peuvent étre courbées en telle façon qu'elles augmentent beaucoup leur grandeur, & méme seulement étant toutes plates elles l'augmentent. Outre cela il est bien vray-semblable que ces superficies étant en une matiere fort fluide & qui ne cesse jamais de se mouvoir, doivent branler & ódoyer toûjours quelque peu, & par consequent que les Etoiles qu'on voit au travers, doivent paroître aussi bien que les nôtres étincelantes, & comme tremblantes, & méme à cause de leur tremblemét un peu plus grosses : ainsi que fait l'image de la Lune, au bord d'un lac dont l'eau n'est point fort agitée, mais seulement crépée tant soit peu par le souffle de quelque vent. Enfin il se peut faire que par succession de temps, ces superficies se changent aussi un peu, où méme aussi que quelques unes se courbent assez notablement

blement en peu de temps, ne fût qu'à l'occasion d'une comete qui s'en approche, & par ce moyen que plusieurs Etoiles semblent apres un long temps être un peu changées de place sans l'être de grandeur, où l'être de grandeur sans l'être de place: & même que quelques unes commencent assez subitement à paroître ou à disparoître, ainsi qu'on l'a vû arriver dans le vray Monde. Pour les Planetes & les Cometes qui sont dans le même ciel que le Soleil, sachant que les parties du troisiéme Element dont elles sont composées, sont si grosses ou tellement jointes plusieurs ensemble, qu'elles peuvent resister à l'action de la Lumiere: Il est aisé à enten-
Q

dre qu'elles doivent paroître par le moyen des rayons que le Soleil envoye vers elles, & qui se reflechissent de là vers la Terre : ainsi que les objets opaques ou obscurs qui sont dans une chambre, y peuvent étre vûs par le moyen des rayons que le flambeau qui y éclaire, envoye vers eux, & qui retournent de là vers les yeux des regardans. Et avec cela les rayons du Soleil ont un avantage fort remarquable pardessus ceux d'un flambeau, qui consiste en ce que leur force se conserve ou méme s'augmente de plus en plus, à mesure qu'ils s'éloignent du Soleil, iusques à ce qu'ils soient parvenus à la superficie exterieure de son ciel, à cause que toute la matiere de ce ciel tend vers là ; au lieu que les rayons d'un flambeau s'affoiblissent en s'éloignant, à raison de la grandeur des superficies spheriques qu'ils illuminent, & méme encore quelque peu plus, à cause de la resistance de l'air par où ils passent. D'où vient que les objets qui sõt proches de ce flambeau, en sont notablement plus éclairez que ceux qui en sont loin, & que les plus basses planetes ne sont pas à méme proportion plus éclairées par le Soleil, que les plus hautes, ni méme que les cometes, qui en sont sans comparaison plus éloignées. Or l'experiance nous montre que le semblable arrive aussi dans le vray Monde, & toutesfois ie ne croy pas qu'il soit possible d'en rendre raison, si on suppose que la lumiere y soit autre chose dans les objets, qu'une action ou disposition telle que je l'ay expliquée. Ie dis une action ou disposition ; car si vous avez pris garde à ce que j'ay tantôt demontré, que si l'espace où est le Soleil, étoit tout vuide, les parties de son ciel ne laisseroient pas de tendre vers les yeux des regardans, en méme façon que lors qu'elles sont poussées par sa matiere, & presque avec autant de force, vous pouvez bien juger qu'il n'a pas besoin d'avoir en soy aucune action, ni méme d'étre autre chose, qu'un pur espace, pour paroître tel que nous le voyons : ce que vous eussiez peut-étre pris auparavant pour une proposition fort paradoxe. Au reste le mouvement qu'ont ces planetes autour de leur centre, est cause qu'elles étincellent, mais beaucoup moins fort & d'une autre façon, que ne font les Estoiles fixes: & parce que la Lune est privée de ce mouvement, elle n'étincelle point du tout. Pour les Cometes qui ne sont pas dans le même ciel que le Soleil, elles ne peuvent à beaucoup prés envoyer tant de rayons vers la Terre, que si elles étoient dans ce ciel, non pas mêmes lors qu'elles sont toutes prêtes à y entrer, ni par consequent être vûës par les hommes, si ce n'est peut-être quelque peu lors que leur grandeur est ex-

246 *Traité de la Lumiere*, traordinaite. Dont la raison est, que la pluspart des rayons que le Soleil envoye vers elles, sont écartés çà & là, & comme dissipez par la refraction qu'ils souffrent en la partie du Firmament, par où ils passent. Car par exemple au lieu que la Comete C. D. reçoit du Soleil marqué S. tous les rayons qui sont entre les lignes S C. S D. & renvoye vers la terre tous ceux qui sont entre les lignes C T. D T. * Il faut penser que la Comete C. **. ne reçoit du méme Soleil que les rayons qui sont entre les lignes S G. C S. E C. à cause que passant beaucoup plus aisément depuis S. jusques à la superficie G E. que ie prens

* *Voyez la figure 1. dans la page 136.*
**. *Dans la figure suivante.*

pour une partie du Firmament, qu'ils ne peuvent paſſer au delà: leur refraction y doit être fort grande & fort en dehors vers la Comete. Veu principalemét que cette ſuperficie eſt courbée au dedans vers le Soleil, ainſi que vous ſavez qu'elle doit ſe courber, lors qu'une Comete s'en approche. Mais encore qu'elle fût toute plate ou méme courbée de l'autre côté, la pluſpart des rayons que le Soleil luy évoyroit, ne laiſſeroient pas d'étre empeſchés par la refraction, ſinon d'aller juſques à elle, au moins de retourner de là juſques à la Terre. Par exemple, ſuppoſant la partie du Firmament G E. étre une portion de la Sphere, dont le centre ſoit au point S. les rayons N L. M K. ne s'y doivét point du tout courber, allant vers la Comete C. mais en revanche ils se doivent beaucoup courber, retournans de là vers la Terre, en sorte qu'ils n'y peuvent parvenir que fort foibles & en fort petite quantité. Outre que cecy ne pouvant arriver que lors que la Comete est encore assez loin du ciel qui contient le Soleil, son éloignement empéche qu'elle n'en reçoive tant de rayons que lorsqu'elle est préte à y entrer. Et pour les rayons qu'elle reçoit de l'Etoile fixe qui est au centre du Ciel qui la contient, elle ne les peut point renvoyer vers la Terre, non plus que la Lune étant nouvelle n'y renvoye pas ceux

Chapitre XV. 249

du Soleil. Mais ce qu'il y a de plus remarquable touchant ces Cometes, c'est une certaine refraction de leurs rayons, qui est ordinairement cause qu'il en paroît quelques-uns en forme de queuë ou de chevelure autour d'elles. Ainsi que vous entendrez facilement, si vous regardez cette figure où S. est le Soleil, C. une comete. E B G. la Sphere qui suivant ce qui a esté dit icy dessus est composée des parties du second Element, qui sont les plus grosses & les moins agitées de toutes : & D. A. F. le cercle qui est décrit par le mouvement annuel de la Terre, & que vous pensiez que le rayon qui vient de C. vers B. passe bien tout droit iusques au

250 Traité de la Lumiere,

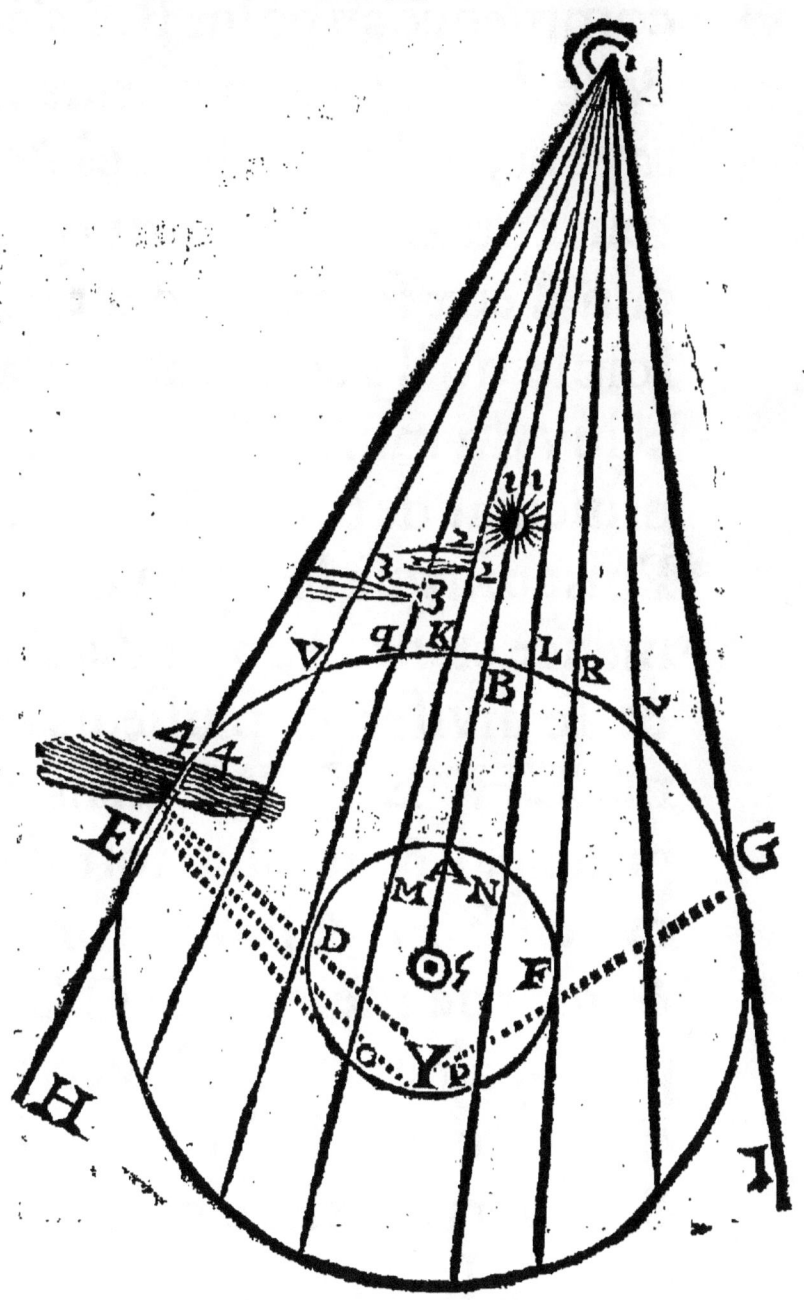

Chapitre XV.

point A. mais qu'outre cela il commence au point B. à s'élargir & se diviser en plusieurs autres rayons, qui s'étendent çà & là de tous côtez: en telle sorte que chacun d'eux se treuve dautant plus foible qu'il s'écarte davantage de celuy du milieu B A. qui est le principal de tous, & le plus fort. Puis aussi que le rayon C E. commence étant au point E. à s'élargir & se diviser en plusieurs, comme E H. E Y. E S. mais que le principal & le plus fort de ceux cy, est E H. & le plus foible E S. & tout de méme que C G. passe principalement de G. vers I. mais qu'outre cela, il s'écarte aussi vers S. & vers tous les espaces qui sont entre G I. & G S. & enfin que tous les autres rayons qui peuvent être imaginez entre ces trois C E. C B. C G. tiennent plus ou moins de la nature de chacun d'eux, selon qu'ils en sont plus ou moins proches. A quoy je pourrois adjoûter qu'ils doivent être un peu courbez vers le Soleil : mais cela n'est pas tout à fait necessaire à mon sujet, & j'obmets souvent beaucoup de choses, afin de rendre celles que j'explique d'autant plus simples & plus aisées. Or cette refraction étant suposée, il est manifeste que lors que la Terre est vers A. non seulement le rayon B A. doit faire voir aux hommes qu'elle soûtient le corps de la comete C. mais aussi que les rayons L A. K A. & sem-

Chapitre XV. 253

blables qui sont plus foibles que BA. venans vers leurs yeux, leur doivent faire paroître une couronne ou chevelure de Lumiere éparse également de tous côtez autour d'elle, comme vous voyez 11. au moins s'ils sont assez forts pour étre sentis, ainsi qu'ils le peuvent étre souvent, venant des Cometes que nous suposons étre fort grosses, mais non pas venant des Planetes, ni méme des Etoiles fixes, qu'il faut imaginer plus petites. Il est manifeste aussi que lorsque la Terre est vers M & que la comete paroît par le moyé du rayon CKM, sa chevelure doit paroître par le moyé de QM. & de tous les autres qui tendent vers M. en sorte qu'elle s'étéd plus loin qu'au paravant vers la partie opposée au Soleil, & moins ou point du tout vers celle qui le regarde, comme vous voyez 22. & ainsi paroissant toûjours de plus en plus longue vers le côté qui est contraire au Soleil, à mesure que la Terre est plus éloignée du poinct A. elle pert peu à peu la figure d'une chevelure, & se transforme en une longue queuë, que la Comete traine apres elle. Comme la Terre estant vers D. les rayons Q D. V D. la font paroître semblable à 33. Et la Terre étant vers O. les rayons V O. E O. la font paroître encore plus longue, & enfin la Terre étant vers Y. on ne peut plus voir la comete à cause de l'interposition du Soleil : mais les ra-

Chapitre XV.

yons V Y. E Y. & semblables ne laissent pas de faire encore paroître sa queuë en forme d'un chevron ou d'une lance de feu, telle qu'est 44. Et il faut remarquer que la sphere E B G. n'étant point toûjours exactement ronde, ni aussi toutes les autres qu'elle contient, ainsi qu'il est aisé à juger de ce que nous avons expliqué, ces queuës ou chevrons de feu ne doivent point toûjours paroître exactement droits, ni tout à fait en même plan que le Soleil. Pour la refraction qui est cause de tout cecy, je confesse qu'elle est d'une nature fort particuliere & fort differante de toutes celles qui se remarquent communement ailieurs : mais vous ne laisserez pas de voir clairement qu'elle se doit faire en la façon que je viens de vous décrire, si vous regardez que la boule H. étant pouſ-

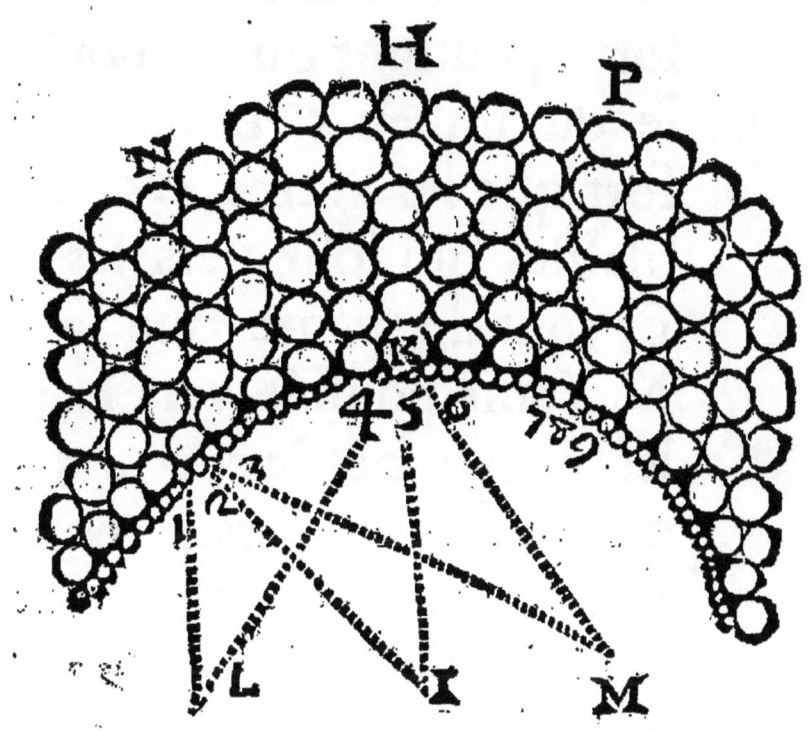

ſée vers I. pouſſe vers là auſſi toutes celles qui ſont au deſſous, juſques

ques à K. mais que celle-cy étant environnée de plusieurs autres plus petites, comme 4. 5. 6. ne pousse que 5. vers I. & cependant qu'elle pousse 4. vers L. & 6. vers M. & ainsi des autres : Ensorte pourtant qu'elle pousse celle du milieu 5. beaucoup plus fort que les autres 4. 6. & semblables qui sont vers les côtez. Et tout de même que la boule N. étant poussée vers L. pousse les petites boules 1. 2. 3. l'une uers L' l'autre vers I. & l'autre vers M. Mais avec cette difference, que c'est 1. qu'elle pousse le plus fort de toutes, & non pas celle du milieu 2. Et de plus que les petites boules 1. 2. 3. 4. &c. étant ainsi en même temps toutes poussées par les autres boules N. H. P. s'empêchent les unes les autres, de pouvoir aller vers les côtez L. & M. si facilement que vers le milieu I. Enforte que si tout l'espace L I M. étoit plein de pareilles petites boules, les rayons de leur action s'y distribuëroient en méme façon, que j'ay dit que font ceux des cometes au dedans de la Sphere E B G. A quoy si vous m'objectez que l'inegalité qui est entre les boules N. H. P. & 1. 2. 3. 4. est beaucoup plus grande que celle que j'ay supposée entre les parties du second Element, qui composent la Sphere E B G. & celles qui sont immediatement au dessous vers le Soleil : Ie répons qu'on ne peut tirer de cecy autre consequence, sinon qu'il ne se doit pas tant faire de refractiõ en cette Sphere E B G. qu'en celle que composent les boules 1. 2. 3. 4. &c. Mais qu'y ayant derechef de l'inegalité entre les parties du second Element qui sont immediatement au dessous de cette Spere E B G. & celles qui sont encore plus bas vers le Soleil, cette refraction s'augmente de plus en plus, à mesure que les rayons penetrent plus outre ; En-sorte qu'elle peut bien être aussi grande, ou mémes plus grande, lors qu'ils parviennent à la Spere de la Terre D A F. que celle de l'action dont les petites boules 1. 2. 3. 4. &c. sont poussées.

Car il est bien vray-semblable, que les parties du second Element qui sont vers cette Sphere de la Terre D A F. ne sont pas moins petites à comparaison de celles qui sont vers la Sphere E B G. que sont ces boules 1. 2. 3. 4. &c. à comparaison des autres boules N. H. P.

FIN.

DISCOVRS
PRONONCÉ
DANS L'ASSEMBLEE
DE MONSIEVR
DE MONTMOR,
TOVCHANT
LE MOVVEMENT
ET LE REPOS.

Pour montrer qu'il n'arrive aucun changement en la matiere que l'on ne puisse expliquer par le mouvement local.

MESSIEVRS,

Tout le monde demeure d'accord qu'il n'y a rien de si contraire au mouvement que le repos.

Definitiō du repos. 1. Or il est certain que quand on dit qu'vn corps est en repos, on n'entend autre chose sinon que ce corps est touſiours appliqué d'une même façon, aux mêmes parties des corps qui l'environnent.

Definitiō du mouvement. 2. Ainſi ſuivant la regle des contraires, quand on parle du mouvement d'un corps, on ne doit entendre autre choſe, ſinon que ce corps est tranſporté, en ſorte qu'il est ſucceſſivement, & touſiours differemment appliqué à differentes parties des corps qui l'environnent.

Eſtat de la queſtion. 3. On pourroit demander ce qui fait cette application touſiours diferente en laquelle conſiſte le mouvement, & cette application toûjours une, en laquelle conſiſte le repos : mais ce ſeroit ſortir de la queſtion propoſée, dont le but n'eſt pas d'expliquer les cauſes du mouvement ou du repos des corps, mais ſeulement d'en connoiſtre la nature, c'eſt à dire, de trouver vne definition qui puiſſe convenir à tou-

du mouvement local

tes les manieres de se mouvoir, ou d'estre en repos, que nous connoissons dans les corps.

4. Ie pense que l'on acordera aisément celle que i'ay aportée du repos, & consequemment celle du mouvemēt, puis qu'elle est tirée suiuant vne regle tousiours infaillible.

5. Il reste donc de faire voir que cette definition convient à tous les mouvemens qui nous sont connus.

6. Quelques personnes aduoüant qu'elle est tres-propre à expliquer ce changement de lieu, auquel on donne le nom de mouvement local, disent qu'elle ne peut convenir qu'à celuy-là, & qu'elle ne peut s'appliquer à ces changemens de la quantité, qu'on appelle acroissement & decroissement; à ceux de la qualité, qu'on appelle alteration, & à ceux de la forme, qu'on appelle generation ou corruption.

7. Mais si ie montre que tous ces changemens n'arriuent que par le mouvement auquel on aduoüe

que ma definition convient, il s'en-suivra qu'elle convient à tous les mouvemens qui nous sont connus.

8. *Quant aux changemens de la quantité*, si une masse augmente, n'est-ce pas que de nouveaux corps se ioignent à ceux qui composoient desia cette masse ? Si elle diminuë n'est-ce pas, que quelques-vns de ces corps en sont separez ? Et peuvent ils estre adjoûtez ou separez sans ce mouvement local, que nôtre definition explique si bien?

9. Qu'vn morceau de paste soit adjoûté à un autre, pour augmenter la quantité d'un pain : ou qu'un morceau de terre, qui étoit déja proche d'une pierre, soit tellement remuë par la chaleur du Soleil ou par d'autres causes, que ce qu'il y aura de plus humide en exhale, & que ce qu'il y aura de parties plus solides s'embarassent en sorte par leurs figures irregulieres, & se serrent tellement les unes contre les autres qu'enfin elles parois-

fent dans un état tout à fait femblable au refte de cette pierre, il eft certain que cette exhalaifon de quelques parties, & ce raprochent de quelques autres n'eft qu'un mouvement local, & qu'ainfi cette augmentation de quantité, qu'on appelle communément *iuxta-pofition*, peut eftre expliquée par nôtre definition.

10. Pour l'augmentation qui fe fait par *intus-fufception*, elle ne differe en rien de l'autre, finon qu'en la premiere efpece, les parties qui s'accumulent font iointes par les extremitez aux parties de la maffe qui s'accroift; & que dans la feconde, les parties qui arriuent de nouueau, gliffent entre les moindres efpaces qui fe trouvent entre celles qui compofent déja cette maffe, iufqu'à ce qu'elles ayent trouvé des endroits un peu plus étroits, qu'il ne faudroit pour les admettre: De forte que faifant effort pour y paffer, elles font fouvent dans

un mouvement assez puissant, pour s'y faire entrée : mais souvent aussi ce mouvement n'étant pas assez fort pour les faire passer outre, elles y demeurent engagées, & croissent ainsi la masse : Comme il arriveroit à une fléche qui seroit tirée dans un faisceau fait de plusieurs autres fléches. On sçait que quelque étroite que fut leur union, il y auroit toûjours des espaces entr'elles, où cette fléche s'introduiroit : & qu'encore qu'elle eut assez de force pour les écarter un peu les unes des autres, elle pourroit aussi apres auoir perdu tout son mouvement, demeurer engagée entre les autres, & croistre ainsi le faisceau, qui pourroit augmenter dautant de fléches que l'on en pourroit tirer.

11. Ainsi arrive-t'il aux plantes, qui ne prennent d'accroissement que par ce que la chaleur du Soleil faisant mouvoir dans les entrailles de la terre differens sucs, c'est à dire, differentes petites particules,

dont les figures sont diverses, les éleve enfin, & les fait couler par une infinité de petits conduits, dans lesquels ces particulles venant à rencontrer quelques grains de semences, dont les pores sont approchans de leurs figures s'y donnent entrée, parce qu'il leur est plus commode de continüer ainsi leur mouvement en ligne droite : Et ayant consommé une partie de leur impetuosité à se faire ouverture dans ces grains, elles y demeurent engagées, & en augmentent la substance.

12. Que si elles conservent assez de mouvement pour passer outre, elles ne servent de rien à la nourriture. D'où vient qu'un trop grand mouvement de ces particules, fait seicher les semences dans le sein d'une terre, qui les feroit germer si elle étoit moins émeuë, & méme un trop grand mouvement peut estre cause que des particules plus grosses, que celles qui doivent

servir d'alliment à certaines plantes, s'y frayent des passages qui ruynant la figure & l'arrangement des pores de cette plante la mettent en état de ne pouvoir plus retenir celles qui luy seroient propres. Comme au contraire, le deffaut de mouuement peut faire que certains sucs ne puissent auoir assez de force, pour s'introduire dans les semences qui le pourroient augmenter, & qu'ainsi elles deviennent inutiles.

13. De là encore on peut conjecturer que tous les petits sucs n'ayāt pas de figures semblables, tous ne sont pas propres à s'insinüer dans toutes sortes de semences, mais que chacun apres avoir heurté vainement contre celles où il ne peut entrer, peut en fin étre emporté en des endroits, où il rencontrera des semences, dont les pores soient assez ajustez à sa figure pour l'arréter. De sorte que la même terre en peut contenir à la fois, & le même Soleil en peut émouvoir en même-

temps, assez de differens, pour nourrir vne plante donc le suc sera mortel, tout proche d'vne plante qui pourra servir d'Antidote à ce poison : étant certain que iamais l'une ne recevra ce qui sera propre à la nourriture de l'autre, par la même raison que deux cribles diversement percez, n'admettront iamais que les grains qui seront proportionez à la figure de leurs trous.

14 *Quant aux changemens de qualité*, qu'on appelle alteration, il est facile de faire voir qu'ils arrivent tous par ce mouvement, auquel nôtre definition se rapporte. Pour cela il faut d'abord examiner ce qu'on entent par le mot d'alteratiõ.

15. On entent sans doute par ce mot tous les changemẽs qui peuvẽt arriver à un corps sans augmenter ou diminüer sa masse, ou sans détruire cette constitution de parties, en laquelle on fait consister sa nature particuliere, c'est à dire, ce qui le rend different des autres corps.

16. Ie dis sans augmenter ni diminüer sa masse, par ce que cette sorte de changement est de quantité, comme nous l'avons déja remarqué.

17. J'ajoûte que l'alteration ne doit point détruire dans le corps auquel elle arrive cette constitution particuliere de parties, qui fait toute sa nature & le rend different des autres corps, parce que ce grand & dernier changement regarde la forme, dont nous deuons parler dans l'article suivant.

18. Cela posé, ie dis que l'alteration ne peut arriver sans mouvement local. Car un corps n'étant corps que par ses parties, il ne peut recevoir de changement que par ses parties.

19. Or il est certain que si les moindres de ses parties demeurent tousiours en méme situation, sans s'éloigner, sans s'approcher, & sans passer les unes dans les autres : Il est certain, dis-je, qu'il n'arrivera point

de changement, & que tant que ce repos de toutes les parties d'un corps durera, on pourra asseurer qu'il est toûjours de même, c'est à dire, qu'il n'est point alteré.

20. Donc si l'on apperçoit du changement dans un corps, il faut conclure qu'il est arrivé, parce que ses parties se sont ou serrées, ou écartées, ou qu'elles ont passé les unes dans les autres, ce qui ne se peut faire que par le mouvement local : & consequemment, c'est par luy que les alterations, ou changemens de qualité arrivent.

21. Si nous descendons aux choses particulieres, nous verrons par exemple, que le pain sans cesser d'être pain, peut avoir indifferemmēt, la qualité ou de tendre ou de sec, mais qu'il ne peut être ni tendre ni sec, que par un mouvement & une differente situation de ses parties. En effet, il n'est tendre, que par ce que ses parties étant encores imbibées des parcelles de l'eau dont il

est composé, sont plus pliantes & resistent moins au toucher. D'ailleurs elles ont un reste de mouvement qui les tenant plus éloignées les unes des autres, font que l'on peut facilement y mettre les dents, & qu'elles mal-traittent moins le palais, & les autres parties de la bouche.

22. De même, il ne devient sec apres quelques iours, que parce que les parcelles de l'eau, excitées ou par leur mouvement propre, ou par celuy de l'air & des autres corps voisins, s'évaporent. De sorte que les parties plus grossieres qui demeurent avec un mouvement beaucoup moindre, se serrent dauantage les unes contre les autres, & laissent le pain en tel état, qu'à peine y peut-on mettre le couteau.

23. Cependãt il est toûiours appellé pain, parce que ses parties gardẽt encores assez de cét arangement, dans lequel on fait consister sa nature; ainsi l'on void que ce n'est pas

mal definir l'alteration, que de dire que c'est un changement, tel que le corps auquel il arriue, peut affecter quelques-uns de nos sens, autrement qu'il ne les affectoit auparauāt: non toutesfois de telle sorte, que nous n'y reconnoissions plus rien de tout ce qui nous paroissoit en luy; car en ce cas (ainsi que l'on verra par la suite) nous dirons qu'il y auroit corruption d'une forme, & generation d'une autre. Mais ce que nous devons considerer ici, c'est que l'alteration que nous avons expliquée dans le pain, n'a eu pour cause que l'évaporation de certaines parties, & le raprochement de quelques autres. Ce qui est un mouvement suivant nôtre definition.

24. *Restent les changemens de forme*, que l'on appelle generation ou corruption. On dit qu'il y a corruption, & ensuite generation dans vne certaine portion de la matiere, lors qu'on n'y reconnoît

plus rien de son premier arangement. Et nos sens sont tellement les maistres de nos créances, que quand il ne nous paroît plus rien en une chose de ce qui nous y paroissoit auparauant, non seulement nous commençons à luy donner vn nom qui puisse répondre à la nouvelle idée que nous en avons, mais encore nous commençons à croire qu'elle n'est plus la même, & souvent nous disons que ç'en est vne autre.

25. Sans doute que nous parlerions plus proprement, si nous disions simplement qu'elle est toute autre, c'est à dire, qu'elle est toute à fait alterée. Mais quoy, on est accoustumé de faire deux ordres ou especes de changement, bien qu'il n'y ait difference entr'eux que du plus ou moins. On veut quand une chose n'est pas changée iusqu'à être méconnuë, qu'elle soit seulement alterée : Mais quand son changement est tel, qu'il n'y

paroît plus rien de tout ce qui y paroissoit, on assure que ce n'est plus la même. Cependant si l'on consulte la raison plutost que les sens, l'on trouvera que cette chose est toûjours le même corps, lequel a toûjours autant de parties, & ne peut avoir été changé que par ce que ses moindres parties sont disposées tout autrement qu'elles n'étoient, si bien qu'elles n'ont plus rien qui approche de leur premiere conformation. Et pour montrer que le mouvement que nous avons definy, est la cause de ce dernier effect aussi bien que des autres, il ne faut qu'examiner un de ses extrémes changemens, que l'on appelle changement de forme.

26. Vn tas de bled nous paroît divisé en plusieurs petits grains. Les parties des tous les grains sont pressées d'vne maniere, qui les fait presque ronds: & une écorce assez delicate pour ne les point fouler, mais assez forte pour les conserver,

repousse vers nos yeux la lumiere d'une façon, qui nous les fait paroître d'un gris jaunâtre, & marqué de blanc en quelque endroit.

27. Que si vous l'exposez sous la meûle, vous verrez que les grains qui sont au dessus s'embarassant dans les petits creux qu'on a fait exprés en cette pierre, sont contrains de suivre ses mouvemens. Et comme la premiere couche de ses grains a plusieurs pointes engagées dans les entre-deux que font entr'eux les grains de la seconde, cette seconde est en même-temps obligée de suivre, emportant par même raison la troisiéme : & celle-là celle qui se treuve au dessous, tant qu'en fin toute la masse tourne. Desorte que le poids de la machine, joint à l'effort des mouvemens froisse les grains, brise leur écorce, & fait que chacune des particules qu'elle enfermoit, se débarassant de celles dont elle estoit environnée, se méle avec d'autres
qui

qui commencent enfemble à compofer un certain tout d'une couleur fi differente, & d'une conftitution fi diverfe de la premiere, que n'y reconnoiffant plus aucune des apparences du bled, nous commençons à l'appeller farine : Iufques icy, il me femble qu'il n'y a rien, qu'on ne puiffe affez facilement expliquer par le mouuement que i'ay definy.

28. Si pour faire du pain, on fepare les petits éclats de l'écorce, qui font le fon, d'avec les parties qui font la plus belle farine, on void que cela fe fait par les loix du même mouvement.

29. Si l'on vient à mêler ces parties de la plus delicate farine avec les parties de l'eau, en forte que les unes s'embaraffant dans les autres, elles commencent à devenir plus liées entr'elles, ie croy que perfonne n'en cherchera la caufe que dans le même mouvement.

30. Que fi l'on expofe cette maffe petrie, à la chaleur d'vn feu renfer-

B

mé dans quelque lieu capable d'en reünir toute l'activité, elle s'élevera d'abord, la pluspart des parcelles de l'eau s'évaporeront, les parties du dedans estant excitées, s'éloignerôt les unes des autres, celles de la superficie estant rasées par l'air, & les autres petits corpuscules environnans, seront plus polis, plus serrez, plus seichez & plus colorez que le reste de cette masse. Enfin, si apres le temps necessaire, vous la retirez de ce lieu, vous la verrez en cét état, auquel vous l'appellez pain.

31. En verité, n'est-ce pas toûjours la même masse, qui a souffert ces differens changemens, & ne luy sont-ils pas tous arrivez par le mouvement que nous avons definy? Cependant on dit qu'elle a changé de forme, qu'il y a eu corruption de celle de bled, & generation de celle de pain.

32. Ie ne puis trouuer estrange qu'on appelle mutation de forme cét extréme changement, qui fait

qu'on ne reconnoift plus rien de ce qui paroiffoit en une maffe, a la difference de ces changemēs, qui étant moindres font appellez fimples alterations de qualité: Mais ie ne puis concevoir ce qui fait imaginer à plufieurs qu'une forme periffe, & qu'un autre s'engendre; ni moins encore qu'il falle paffer par la priuation, pour aller de l'vne à l'autre; ce milieu m'a toufiours paru auffi chemerique que les deux extremitez, dont on veut qu'il foit le lien. Et il me femble que pouvant rendre raifon des plus grands changemens qui arrivent à la matiere, par l'arrangement, par les figures, & par le mouvement que l'on y connoît, il ne faut point former de nouveaux étres que l'on ne connoît point.

33. Ie fçay bien que plufieurs qui n'ont point couftume d'alleguer les formes tant qu'ils s'en peuvent paffer, ne vont point chercher d'autres caufes des changemens d'un corps que le mouvement de fes parties, &

B ij

la diverſité de leurs figures, tandis qu'ils peuvent appercevoir ce mouvement & ces figures: Mais toutes les fois que les parties dont le mouvement & la figure cauſent quelque changement, ſont trop petites pour eſtre apperceuës, c'eſt alors qu'ils reclament les formes, & afin de ſauver l'honneur des formes qu'ils ont inventées, & de leur donner toute la gloire des generations ils diſent que tout changement qui arrive par la figure, ou par le mouvement, n'eſt point vne generation.

34. Mais il eſt facile au contraire de montrer qu'on peut rendre raiſon de tout, ce qu'on appelle generation, par le mouvement & la figure des petites parties, ſoit qu'on les puiſſe appercevoir, ou qu'elles ſoient imperceptibles.

35. *Premierement*, il eſt certain que les corps pour échapper à nos ſens, n'en ſont pas moins des corps, ils n'en ont pas moins leurs figures particulieres, & ils n'en ſont pas

du mouvement local.

moins susceptibles du mouvement. Cela étant, si nous rendons raison des changemens qui arrivent dans les corps, par la figure & le mouvement de certaines parties, lors que nous les appercevons : Il s'ensuit, puis que nous sommes convaincus, que les plus imperceptibles ont de toutes ces choses, que nous devons croire qu'elles agissent comme les plus grosses, & même qu'elles causent de plus grands changemens; puis que plus que toutes les parties d'un corps sont petites, & plus il est susceptible des changemens qui peuvent estre causez par les mouvemens & les figures.

36. La Nature n'a point fait de loix pour les corps que nous voyós, ausquelles ceux que nous ne voyons pas, ne soient assujettis, & les regles que la Mechanique sçait estre si certaines pour les uns, sont infaillibles pour les autres.

37. Et de fait, qui croira voyant les bouïllons d'une eau émuë par la

B iij

chaleur du feu, & ces tourbillons de fumée qui en exhalent, que quand l'agitation de l'air les aura assez dissipées, pour faire que châque particule ne soit plus apperceuë, elles n'auront plus de figure ni de mouvement, ne sera-t'il pas trompé dans sa conjecture?

38. Ou bien si croyant comme il le faut croire, qu'elles gardent leurs figures & leurs mouvemēs, il vient à penser que ces figures & ces mouvemens ne suivent plus la loy des autres, ne s'abusera-il pas dans son raisonnement?

39. Mais ne sera-t'il pas convaincu de son erreur, lors que le froid d'une plus haute region venant à calmer le mouvement de ces petites particules & à les resserrer, les fera retomber en eau comme auparavant? S'il estoit vray qu'elles ne suivissent plus la loy des autres corps, qui les y auroit pû soûmettre une seconde fois, & si elles eussent échappé un seul moment à cette

puissance, qui eut pû les remettre sous le joug?

40. Certes, on void qu'il est plus raisonnable de conclurre, que tant qu'une chose est corps pour petite qu'elle soit, elle agit comme les autres corps: & si nous trouvons dans la figure & le mouvement la raison de tout ce qui arrive en ceux que la grosseur de leurs parties soubmet à nos sens, nous devons assurer que c'est cela même qui cause le changement de ceux, dont les parties sont trop deliées pour estre apperceuës.

41. Mais afin que l'exemple de l'un de ces changemens, où l'on dit qu'il y a generation de nouvelle forme, nous serve encore en ce lieu: Voyons si cette masse qui a passé de bled en pain, par des mouvemens si bien expliquez en nôtre definitiõ, pourra passer en la substance d'un homme, & prendre, pour parler avec l'Escolle, la forme de chair, par les mêmes mouvemens qui ont rendu raison de tout le reste.

42. Celuy qui en coupe un morceau, doit demeurer d'accord qu'il ne le separe du reste, que par un de ces mouvemens.

43. Si le mettant dans sa bouche il le romp en parcelles plus délié afin qu'il puisse passer dãs l'œsophage, & si quelque salive s'y mélant sert à mieux faire cette premiere division, on void que tout cela n'arrive que par le mouvement.

44. Si tout étãt passé dãs l'estomac, & y treuvant certaine liqueur, dont les moindres parties coupantes cõme celle de l'eau forte, sont excitées par la chaleur des entrailles : il est encore plus divisé qu'auparavant, & reduit à peu prés au même état, que ces lambeaux de tant de diverses couleurs assemblez sous les Martelles d'un moulin à papier, lesquelles pour estre seulement imbibez d'une eau qui y coule sans cesse, se divisent en tant de parcelles, qu'elles composẽt une liqueur blanchâtre comme la colle : Cela arrive-t'il

du mouvement local. 25

par d'autres causes que par le mouvement ?

45. Si lors que cette liqueur est descenduë de ce viscerre dans ceux qui entourent le mesenstere, le pressement continuel du bas ventre vient à exprimer les plus delicats des parties à travers les pores, qui répondent aux petits conduits qu'on nomme les veines lactées, & à repousser les plus terrestres parties de cette même liqueur dans les gros intestins, pour en décharger le corps comme d'un faix inutile : Ne doit-on pas encore attribuër cét effet au même mouvement ?

46. Que si delà, le plus delicat & le plus precieux de cette liqueur, passant dans ces conduits que les yeux n'ont pû suivre par tout, & dont la seule adresse de Monsieur Pequet a sceu demêler les détours, devient plus excité qu'auparavant, soit qu'une portion debile s'y mêle pour luy donner plus d'action, soit que forçant des passages trop étroits

les parties acquierent plus d'émotion, & à cause de cela commencent à repousser autrement qu'elles ne faisoient la lumiere contre nos yeux, on verra que tout cela se fait par le mouvement.

47. Que si se mêlant avec le sang qui coule déja dans les vaisseaux que la nature a mechaniquemét disposée à cét usage, il va iusques au cœur, où il acquiert encore plus de chaleur & d'action pour passer enfin dans les arteres: Cela sans doute, est encore un effet du mouvement, & de la disposition de toutes ses parties.

48. Que s'il est poussé dans les arteres avec un effort qui les fasse enfler iusques aux extremitez, en sorte que leurs peaux s'étendant, & leur pores s'ouvrant, il puisse passer des particules de sang, par des pores qui soient ajustez à leur figure, cela n'arrive-t'il pas par le mouvement?

49. Que si ces particules qui s'é-

chapent étant de differentes figures, & moins solides les unes que les autres, selon les diverses preparations qu'elles ont receuës, & les differents endroits où elles ont passé, vont ou plus loin ou plus prés, se méler entre les filets droits ou courbez, qui composent déja les chairs, en sorte qu'elles y fassent croistre la masse des parties qui leur sont semblables. Tout cela ne se fait-il pas par le mouvement, & cette assimulation, dont la raison travaille tant ceux qui la vont chercher où elle n'est pas, est-elle si difficile à concevoir par ce biais?

50. Par cette suite on a pû ce me semble appercevoir, que la même masse qu'on disoit avoir dans un certain arrangement, la forme du pain, a passé lors que ses mêmes parties ont esté plus divisées, & autrement ajustées les unes aux autres en une liqueur à laquelle on a assigné une autre forme. Enfin, on a pû observer que cette même li-

queur, dont toutes les gouttes paroiſſoient uniformes quand ſes parties étoient bien mélées, n'étoit pas pourtant compoſée de parties toutes ſemblables: puis que la diverſité de leur figure & de leur groſſeur leur a dõné moyen de paſſer par des endroits ſi differents, & de former en l'un de la chair, en l'autre de la graiſſe, en un autre des cheveux, & en un autre une autre choſe : en ſorte qu'aucune de ſes petites parcelles n'eſt perie, mais a tellement changé ſa figure, ſa ſituation, & ſon mouvement, qu'à voir ce qu'elle eſt en l'homme, on a peine à croire ce qu'elle étoit dans le pain. Et cela arrive, parce qu'ordinairement on ne ſuit pas aſſez exactement dans ſon progrés la cauſe du changement de chaque particule, & que ne conſiderant pas que c'eſt par le mouvement qu'elle paſſe peu à peu d'un eſtat à l'autre; on vient tout à coup à conſiderer celuy où elle a été autresfois, & celuy où on la void pour lors, comme deux choses si étrangement differentes, qu'on s'imagine que ce changement doit avoir une cause tout autre que le mouvement, & pour l'assigner, on dit qu'il y a nouvelle forme.

51. Au reste, il seroit facile d'expliquer, en suivant tousiours ces petites particules que i'ay laissées en differens endroits de nôtre corps, pourquoy leurs mouvemens étant trop grands, elles sortent du corps sans s'arrester, de maniere que l'on devient presque sec. Ie pourrois aussi expliquer qu'elle est la figure des parties qui font la graisse, comment faute d'un assez grand mouvement, ou pour estre trop abondantes elles s'embarassent, comment apres elles s'épuisent: & enfin qu'elle est le different cours des particules que les arteres poussent hors d'elles, suivant la difference des âges, des lieux & des saisons. Mais i'ay desia trop arresté cette compagnie, & il me suf-

fit d'avoir tanté d'expliquer tous les mouvemens qui nous sont connus par une seule definition, ou ce qui est la même chose, de montrer que tous les mouvemens sont d'une même espece : & que c'est plûtost la diversité de leurs degrés ou de leurs effects sensibles, que la difference de leur nature qu'on a voulu marquer, quand on leur a donné tantôt le nom de mouvement local ou changement de lieu, & tantôt celuy de mouvement de quantité, de qualité, ou de forme.

52. On doit dire le même du repos; car tant qu'une chose demeurera appliquée aux mêmes parties des corps environnans, on appellera cét état repos de lieu.

53. Que si les parties de cette chose étant un peu en mouvement, on ne void pas que pour cela elles se quittent, ni qu'elles admettent entr'elles aucunes nouvelles parties qui leur soient semblables : On dira qu'elle n'augmen-

te ni ne diminuë point, & cét état s'appellera un repos de quantité.

54. En suite, tant qu'on verra que les parties de cette même chose garderont toûjours assez d'une certaine situation, pour produire toûjours vn certain effet sur nos sens, quoy que d'ailleurs elles se remüent, on nommera cét état un repos de qualité.

55. Et enfin tant qu'il luy restera assez de cét arrangement de partie, auquel on fait consister sa nature particuliere, on appellera cét état un repos de forme.

56. Ainsi Messieurs, si un corps demeure en même état, c'est que ses parties n'ont point changé leur situation, & si le même corps a changé d'état, c'est parce que ses parties ont changé leur situation.

DISCOVRS DE LA FIÉVRE.

AVIS DV LIBRAIRE
au Lecteur.

LE petit Traité du mouvement que je viens de vous donner, part de la plume d'un Philosophe, dont le stile montre assez & la netteté de ses conceptions & la solidité de son esprit; Le Discours suivant de la Fiévre est de la composition d'un autre Philosophe & Mathematicien, à qui le Public a quelque sorte d'obligation de plusieurs découvertes qu'il a faites dans la Physique. Ie vous dirois le nom de l'un & de l'autre si j'en avois la permission. Mais comme ces Traitez m'ont esté cõmuniquez par quelques-uns de leurs Amis qui ne m'ont pas voulu asseurer de leur en avoir parlé: Tout ce que je puis faire, est de vous dire que ces petits Ouvrages ont esté leus dans une Assemblée Illustre de Physiciens, qui se tient une fois la semaine chez Mr de Montmor. Si vous me témoignez que le present que je vous fais vous soit agreable, je tâcheray pour vostre satisfaction d'obtenir de l'Auteur du dernier Discours, quelques Traitez de plus grande consequence, qu'on m'a asuré qu'il a en estat d'estre mis sous la Presse.

DISCOVRS
DE LA
FIÉVRE.

PVISQVE le froid de la Fiévre fait aujourd'huy toute nostre recherche, nous devons principalement prendre garde de ne rien avancer touchant sa nature, qui ne s'accorde avec l'explication des autres phainomenes ou accidens de cette maladie. C'est pourquoy me hazardant d'en dire icy mon sentiment, ie me trouve obligé de parler de la Fiévre méme; Et comme elle est une suite de quelque dereglement qui arrive dans le corps de l'animal, il ne sera pas tout à fait hors de propos de rapporter quelques-unes des regles qui entretiennent son harmonie.

Il faut premierement reconnoître pour constant, que le sang se rarefiant dans le cœur, & ainsi acquerant la forme de l'esprit vital, en sort avec impetuosité pour entrer dans les arteres, par lesquelles il est porté jusqu'aux extremitez du corps; d'où il passe dans les petites veines, & ensuitte dans les plus grosses, en sorte qu'à la fin tout parvient à la veine cave, qui le redonne au cœur; où il recommence sa circulation, qui se reïtere ainsi plusieurs fois dans l'espace de chaque jour.

C'est une verité clairement demontrée par plusieurs experiences, & par des raisons tres-fortes, qu'il y a dans le corps plusieurs autres diverses liqueurs, qui ont pareillement vn cours reglé & des routes determinées ; tellement que la plûpart de ces parties qu'on nomme solides, en ne se touchant pas immediatement, composent comme vne infinité de petits canaux sensibles ou insensibles, par où les parties fluides prennent leur cours.

Les battemens des arteres, qui sont precisément égaux en nombre à ceux du cœur, se renoüvellent toutes les fois qu'elles en reçoivent du sang. Et parce que cette liqueur est composée de plusieurs petites parties, qui se meuvent diversement les unes à l'égard des autres ; il en échape toûjours une assez grande quantité par les pores insensibles des arteres, qui sert à nourrir l'animal, ou à augmenter son corps quand il est en estat de croistre.

Ces parties du sang qui se separent ainsi des autres doivent sans doute estre les plus agitées & les plus subtiles de toutes ; & ce qui retourne dans les veines doit estre le plus grossier ; mais il se subtilise en passant derechef dans le cœur. C'est pourquoy toute la masse du *de la Fièvre.* 9

sang pourroit à la fin se conuertir en esprits, qui échaperoient tous des arteres, & ainsi le sang tariroit dans les veines ; si ce n'estoit qu'a-vec celuy qui est prest à retourner dans le cœur, il se mesle vne certaine quantité de chile, dont il reçoit quelque sorte de rafraichissement, & qui le rend moins propre à y prendre feu, & à s'y embraser.

Le sang qui sort du cœur coulant sans cesse tres-vîte dans toutes les arteres & les veines, porte par ce moyen la chaleur qu'il acquiert dans le cœur à toutes les autres parties du corps ; mais celuy qui se porte en haut par le plus gros canal de l'Aorte, donne moyen à ses plus vives parties de passer au travers des arteres Carotides jusques dans le cerveau, où estant separées des autres moins subtiles, & moins agitées, elles composent les esprits animaux, qui passants de là dans les nerfs & dans les muscles produisent deux effets considerables. Dont le premier est, qu'enflant un muscle plûtost que son opposé, elles font que ce muscle s'accourcit, & consequemment qu'il tire le membre auquel il est attaché, puis quand le muscle opposé vient à s'enfler & à se racourcir, il retire vers soy cette partie, & la remet en son premier estat. Tellement qu'on peut dire que le mouvement des membres dépend immediatement du cours des esprits animaux.

L'autre effet qui suit de ce que les esprits coulent dans les nerfs, est, qu'en continuant leur agitation entre les filets qui composent leur moëlle ils les tiennent separez; & par ce moyen si les parties du corps où ces filets aboutissent sont meuës par quelques objets exterieurs, leur action se transmet aisément jusqu'au cerveau, d'où resultent quelques sensations; & c'est cét estat qu'on nomme *la veille*.

Au contraire, si ces esprits manquent de remplir les nerfs, soit qu'ils ayent esté tout à fait dissipez, ou seulement qu'y en ayant vne trop petite quantité ils ne puissent pas suffire à remplir le cerveau & les nerfs; alors leurs filets demeurants lâches, & comme collez les uns contre les autres, l'impression que les objets feront sur les organes exterieurs, ne se transmettra plus jusqu'au cerveau ; & ainsi nous cesserons de sentir : Et cét estat n'est autre que celuy du *Sommeil* ; qui ne sçauroit finir qu'apres qu'il se sera fait des esprits animaux en si grande quantité, qu'ils ayent la force de dilater le cerveau, & d'ouvrir les orifices des nerfs, & ensuitte de les remplir; Et quand il n'y auroit dans le cerveau qu'une fort petite quantité d'esprits, pourveu neantmoins que le corps receust au dehors vne impression assez grande pour estre portée jusqu'au cerveau, nonobstant le peu de disposition qui se rencontre alors dans les organes, on ne laisseroit pas de s'éveiller en quelque façon: Car alors il en resulteroit en l'ame une sensation, qui seroit cause que la pluspart des esprits prenans leurs cours vers le lieu d'où viendroit l'impression, les arteres & les nerfs s'ouvriroient, & donnans ainsi passage à ce peu d'esprits animaux, qui sans cela auroient esté employez à d'autres usages, ils pourroient mouvoir quelques membres, & disposer le corps à quelles actions de la veille.

Ces remarques supposées, si pour quelque cause que ce soit, vne petite portion de quelqu'une de nos humeurs, croupissant en quelque endroit de noſtre corps ſe corrompt en quelque maniere, & coulant au bout de quelque-temps, vient à ſe meſler avec le ſang des veines, par leſquelles elle ſoit portée dans le cœur; la ſuppoſant d'ailleurs moins propre à ſe rarefier que le ſang que les Medecins appellent loüable : (De meſme que le bois verd s'enflame plus malaiſément que celuy qui eſt ſec) il doit arriver que le cœur ne s'enflera que tres-peu; & conſequemment que les arteres qui ne recevront qu'vn tres-petite creuë de ſang ne battront que tres-foiblement. Et ce qui eſt icy de tres grande importance à obſeruer, eſt, que les eſprits vitaux courant dans le corps en bien

de la Fiévre. 15

moindre quantité, & avec beaucoup moins d'agitation que de coûtume, le mouvement ordinaire des parties, lequel ils entretiennent & en quoy consiste leur chaleur naturelle, doit cesser. Et ainsi nous deuons experimenter ce sentiment de froid, qu'on nomme le froid de la Fiévre; qui peut estre accompagné de certaines piqueures aiguës, ou mousses, selon que la matiere corrompuë qui coule dans les arteres ébranle leur peau interieure, ou selon que quelques-vnes de ses parties qui échapent par les pores meuvent diversement les filets des nerfs qu'elles rencontrent en leur chemin.

Et parce que tandis que nous sommes en cét estat, il est impossible qu'il se fasse autant d'esprits animaux qu'à l'ordinaire, ceux que la volonté determine à prendre leur cours vers quelques muscles, pour mouvoir le corps, ou pour le tenir en certaine posture, ne se trouvants pas en quantité suffisante pour presser les valvules contre les pores par où ils peuvent échaper ; il doit arriver que comme l'air qui n'a esté seringué qu'en petite quantité dans un ballon, ne presse pas la languette contre le trou, & en sort facilement : aussi ces esprits qui estoient entrez dans ces muscles en échapent, & se portent temerairement d'un muscle dans l'autre, & ainsi tirent & secoüent alternativement les membres vers

des

des parties contraires ; c'est à dire qu'ils causent ce tremblement qui accompagne le froid de la Fiévre.

Et bien que toute la matiere corrompuë ait peut-estre passé en moins d'un demy quart-d'heure dans le cœur, il se peut faire neantmoins que le froid ou le frisson dure beaucoup plus long-temps ; parce que par la loy de la circulation, cette méme matiere peut-estre ramenée dans le cœur auec aussi peu de disposition à se dilater qu'elle en avoit la premiere fois qu'elle y a passé : Mais par la méme raison qui fait que le bois verd à force d'estre échauffé s'embrase bien plus fort que le bois sec : cette matiere corrom-

B

puë apres avoir passé plusieurs fois dans le cœur, peut à la fin s'y rarefier extraordinairement ; & ainsi en sortir bien plus vîte & plus agitée que de coutume ; ce qui suffit pour causer cét estat qu'on nomme l'ardeur de la fiévre, qui succede à vn si grand froid.

Car pour le battement du poulx, il est évident qu'il doit étre beaucoup plus frequent, & plus élevé que de coûtume ; puisque le sang se decharge dans les arteres par reprises plus souvent reïterées, & qu'il est plus dilaté qu'à l'ordinaire ; Et l'on doit experimenter vne chaleur beaucoup plus grande ; puisque le sang qui sort tout boüillant du cœur, est porté d'vne tres grande vitesse jusques aux extremitez des membres, sans qu'il ait le temps de se rafraichir par la longueur du chemin.

De plus, parce que dans cét état il doit entrer beaucoup plus d'esprits dans le cerueau, & de là dans les nerfs & dans les muscles, Il en doit resulter la difficulté de dormir, les douleurs de teste, cette sensibilité tres importune par toutes les parties du corps, & cette force extraordinaire qu'on observe en quelques malades.

Il peut méme arriver que les esprits animaux qui courent fortuitement dans le cerueau, & qui ont beaucoup de force, se portent opiniâtrement d'eux mémes à ouvrir & à ébranler certaines parties, à la façon qu'elles l'ont autrefois esté à

B ij

la presence de quelques objets:
C'est pourquoy on sentira ces
mémes objets côme s'ils estoient
presens ; Et c'est ce qui cause ces
fortes resveries.

Et si cét état duroit long-temps,
comme les parties du sang, qui
devroient s'aller joindre à celles
de nostre corps qui s'usent continuellement afin de les reparer;
auroient beaucoup plus de mouvement que de coûtume, elles ne
pouroient pas s'arrester contre elles, mais passeroient outre en forme de sueur, ou par transpiration
insensible, & en entraisneroient
méme avec soy quelques-unes: Et
ainsi le corps deviédroit maigre à
la façon que les plâtes se dessechét,
lors que durant une chaleur exces-

sive, le suc de la terre qui les devroit nourrir, passe au travers de leurs pores sans s'y arrester.

Il n'y a pas de doute que la Fiévre ne s'engendre à la façon que je viens de dire: si l'on considere que quand il se fait du pus dans quelque abcez, où à l'occasion de quelque blessure, on experimente la Fiévre; dont on est ordinairement delivré quand ce pus cesse de se faire, où quand il prend son cours hors du corps.

Au reste encor que cette matiere pourrie cesse de couler du foyer où elle s'estoit engendrée, & qu'il ne s'en méle plus de nouvelle avec le sang qui va au cœur, celle qui y est déja mélée peut suffire pour faire durer l'accez jusqu'à ce que par plusieurs circulations elle se soit épurée, & reduite à peu pres au temperament du sang loüable, de méme que le vin nouueau s'eclaircit à la longue à force de boüillir dans le tonneau. Ainsi l'accez finissant, la Fiévre ne devroit plus reprendre, s'il ne restoit comme vn levain, ou certaines dispositions au lieu où la premiere matiere s'estoit corrompuë, pour faire qu'il s'y en rassemble d'autre; laquelle s'estant derechef meurie au bout d'un certain temps, vient à couler vers le cœur à la façon de la premiere : Et ainsi cause tous les mémes symptomes.

D'où il faut conclure que la Fiévre est quarte, quand la matiere a besoin de trois jours pour se meurir, & devenir capable de couler avec le sang : qu'elle est tierce, quand elle n'a besoin que de deux iours: qu'elle est continuë quand elle coule continuëment : Et enfin qu'elle est continuë avec redoublement, quand cette matiere a tellemét gasté le sang, qu'il ne sçauroit se purifier dans le téps qui est compris entre ce moment auquel sa derniere goutte s'est écoulée, & celuy auquel la premiere goutte de celle qui s'est derechef assemblée commence à couler vers le cœur : où bien quand cette méme matiere qui se corrompt s'amasse en plus grande quantité qu'il ne s'en écoule : en sorte qu'au bout de certaines heures, elle puisse estre accruë à tel excez, qu'elle force les digues qui la retenoient en partie,

Car dans l'un ou l'autre de ces deux cas, estant vray qu'il y a un temps auquel la matiere corrompuë se porte en plus grande quantité au cœur, il est necessaire qu'elle cause un plus grand embrasement. Et cecy se prouve, parce que comme cette matiere que nous avons comparée au bois verd, doit d'abord en quelque façon rafraichir le sang, auparavant que de se trouver capable d'estre rarefiée : aussi quand elle passe pour la premiere fois dans le cœur, elle cause certains petits frissons, & des dispositions à dormir, comme sont les baillemens & l'assoupissement ; Et ce n'est qu'ensuite qu'on experimente le redoublement.

Tout ce que j'ay dit deviendra encore plus croyable, si l'on considere les moyens que les Medecins employent pour guerir la Fiévre. Ce qu'ils nous ordonnent est de ne plus prendre tant de nourriture, de nous faire tirer du sang, de prendre quelques purgations: où ce qui est plus rare, de nous faire appliquer quelque medicament à l'exterieur, aux endroits où les arteres sont moins cachées sous la peau. Par les deux premiers moyens nous avons sujet de devenir un peu plus maigres, & les fibres des chairs diminuant de grosseur ne se serrent plus si fort. Ce qui est évident en ce que le corps d'une personne maigre est plus mol. Et par là il arrive que ces petits canaux par où coulent les humeurs se dilatent, & le sang se trouvant d'ailleurs en plus petite quantité, il a moins d'occasion d'être retenu à l'endroit ou il pourroit entretenir la maladie. Peut-estre aussi que la nature des alimens contribuans à cette corruption, si l'on vient à s'en abstenir, on fait que la cause de la Fiévre cesse, & consequément l'effet, qui est la Fiévre. Par la purgation, le sang se peut purifier, & se decharger de ce qui le rendoit fort differend du sang loüable : de méme que par le mélange d'une goutte de certaine liqueur, les Chimyques clarifient une grande quantité d'une autre liqueur qui estoit toute trouble. Ensuite de quoy venant à passer par le foyer de la Fiévre, il ne doit pas se corrompre si aisément, & les choses deviennent petit à petit à leur premier estat. Ou bien il se peut faire que l'effet de la purgation soit de rendre le sang plus liquide sans changer autrement son temperament, & cela suffiroit pour guerir la Fiévre; parce qu'il pourroit avec cette qualité passer où il estoit auparavant retenu, & consequemment ne se plus pourrir. J'estime que les medicamens apliquez par dehors ne sont capables que de ce dernier effet, & même qu'ils doivent être moins efficaces que les autres, à cause qu'ils agissent de plus loin? Encore croiroisje que le bonheur se doit joindre avec eux pour faire qu'ils reüssissent. Et si je m'éloigne en ceci du sentiment de ceux qui donnent aux remedes beaucoup plus de vertu qu'ils n'en ont, aussi ne tiens-je pas le party de ces ennemis de la Medecine, qui disent que tous les remedes indifferemment n'en ont aucune, si ce n'est peut-estre celle de causer une maladie differente de celle qu'on a déja, ou de l'augmenter; & que si l'on côtoit le nombre de ceux qui meurent faute de se faire traiter, il ne se rrouveroit pas plus grád que celuy de ceux qui meurét pour avoir esté traitez : & qu'il y en à toût autant qui échapent des maladies sans l'aide des Medecins, que de ceux qui doivent leur santé à l'execution de leurs ordonnances. Alleguans en outre l'exemple de quelques peuples Septentrionaux : lesquels par une pratique toute contraire à la nôtre ne boivent du vin que quand ils ont la Fiévre ; Et composent quelque fois des Medecines d'ail & de poudre à canon pillez & broyez avec de l'eau de vie pour s'en délivrer. Ie ne voudrois pas être de ce sentiment : aussi ne voudrois-je pas croire que les remedes ordinaires eussent d'autres vertus que celles que j'ay déja rapportées, qui combattent la Fiévre suivant l'explication que j'en ay donnée, & qui ne la peuvent guerir avec certitude, qu'autant que l'experience nous le fait connoître.

FIN.

www.ingramcontent.com/pod-product-compliance
Lightning Source LLC
Chambersburg PA
CBHW060504170426
43199CB00011B/1325